...M RHEIN OBERWESEL BY Lichtenhofen

9 May 1987.

M RHEIN

OBERWESEL

BY Lichen...
9 May 1987.

清 华 建 筑 学 人 文 库

胡理琛文集

中国建筑工业出版社

作者近照

胡理琛，1938年生，温州人。

1962年毕业于清华大学建筑系建筑学专业。
教授级高级建筑师、国家一级注册建筑师。
1983年至1998年任浙江省建设厅副厅长兼总规
划师，分管并业务指导全省建筑设计、城市规
划、历史文化遗产地保护、风景园林。

社会兼职
　　历任　中国风景园林学会副理事长
　　　　　中国风景园林学会常务理事
　　　　　中国城市规划学会风景环境学术委员会副主任
　　　　　浙江省建筑学会副理事长
　　　　　浙江省风景园林学会理事长
　　　　　浙江省城市规划学会理事长
　　　　　浙江省城市雕塑规划委员会主任
　　　　　浙江省历史文化名城保护委员会副主任
　　　　　浙江省风景名胜区协会会长
　　　　　中国美术学院环艺系客座教授
　　现任　浙江省风景名胜区协会名誉会长
　　　　　浙江省风景园林学会名誉理事长

追求真善美 回归大自然

序

  今年是我从清华毕业五十周年，也是实现母校所勉励的"为祖国健康工作五十年"目标的喜庆日子，值此机会我将以前的文稿整理辑集，付梓印行，与广大建筑、规划、历史文化遗产地保护及风景园林爱好者切磋交流，也算是给自己的一份礼物吧！

  外逃女贪官杨秀珠从温州市副市长岗位调来顶替我的位置时，见面第一句话："你怎么这么没出息！干了十六年还是个副的。"她或许永远理解不了本人还在窃喜这"留级"呢！庆幸"留级"才能提供我始终在挚爱的Architecture领域里纵横驰骋的空间。这或许就是清华人受"自强不息，厚德载物"校训熏陶出来的特有情感吧！

  上世纪80年代初始，我担任浙江省建设厅副厅长，后又兼任总规划师，长期分管建筑设计、城市规划、历史文化遗产地保护、风景园林等项业务，还长期担任相关学会、协会的社会职务。本人不想当官，也不会当官，既然当了，为官不"为官"，只为我的事业。对于业务工作，我始终贯穿"科学发展"这一主线，坚持"实践—理论—再实践"，思考分管领域内存在的问题，寻找事业发展的障碍，探求科学突破点和有关学术答案，将事业推向前行。本人不会讲官话，作报告也不善"穿靴戴帽"，常常直入主题，讲话文稿也不爱请人代劳，至

多请下属帮忙提供些数据素材，因而不少人反映说我在作学术报告。

本文集按时序辑集自上世纪80年代以来在学刊上发表的或在学术会议上交流的论文，在有关研究班或学习班上的专题演讲，以及某些会议上的发言摘要，另外还入册了《仁山智水——胡理琛速写选集》自序和缅怀清华恩师汪国瑜先生的追思文章。

为了便于读者阅读，每篇均附注说明了文章的背景；为保持鲜活的时代气息，出版之前，仅对文稿作了少许删改；一些文稿还配上了本人速写，或是相关的自拍照片（个别借用均标注出处）。

由于是按时序排列，在文稿之间依稀可辨浙江省建筑设计、城市规划、历史文化遗产地保护、风景园林等领域三十多年的发展历程。这或多或少可起到记录历史脚印的一点作用。

限于本人学术和文字水平，读起来难免生涩。其观点也仅一家之言、一孔之见，错误疏漏之处，敬请方家指教。

胡理琛

2012年2月

目录

文境掠影　　　　　　　　　　　　　　　　　　193

杭州西湖　国家公园　外国景区度假屋　游人中心

　法云弄村　历史文化遗产地　康园小区

文 章 集 萃

浙江省城市住宅设计调查报告

1981年8月下旬至10月上旬，浙江省建委组织了由省城乡规划设计研究院、省建筑设计院、省城建局和省建行等5个单位共6位同志组成的住宅设计调查小组，对我省城市住宅设计进行了一次事关住宅设计技术政策的调查。调查的重点如下。

（1）如何恰当地修订我省住宅设计标准和新建工矿企业生活区综合指标；

（2）探讨提高住宅设计水平，建设方便、舒适、优美居住环境的途径。

这次调查历时40天，选择杭州、宁波、绍兴、椒江四市和浙江大学、浙江炼油厂、北仑港、前所电厂等23个企事业单位作了调研。累计调查了居住小区7个，住宅新村、群组10个，住宅点41个。考察了115个不同类型的住宅单元以及它们所代表的面积为81万㎡的住宅。召开了11次住宅设计座谈会，共有40个单位158人参加。

由于时间较短，接触面不够广，又限于我们的水平，本文只对调查中遇到的住宅设计和小区规划中的几个问题，做些概略粗线条的探讨。而对住宅和小区规划、设计、施工、建设和管理中的许多复杂问题，如小区规划结构、指标、住宅的建筑体系、标准化和多样化、高层低密度、多层高密度等，均未做深入讨论，本报告只是提供情况，交流调查心得。下面报告四个方面的问题。

一、我省住宅建筑概况和居住水平

从1949年至1980年，全省城镇和工矿区住宅建设投资共8.21亿元，共建住宅1326万㎡。其中1977年到1980年，住宅总投资4.68亿元，相当于前28年投资总数的57%。4年中，共建住宅526万㎡，相当于前28年总和的51%。1979年、1980年两年连创最高纪录，1979年共建住宅136.4万㎡，1980年共建住宅232万㎡，要比历史最高纪录的1959年的64.9万㎡，分别多2

结束"文化大革命"十年内乱，城市住宅建设得以恢复并出现蓬勃发展势头。在当时计划经济条件下，有关住宅的技术政策亟待明确和统一，1981年本人作为省建委设计科技处副处长，带领省住宅调查小组开展了浙江省住宅设计调查工作，于1982年3月执笔完成调查报告，并提交全省各地城乡建设主管部门和各设计单位供设计时参考。该文记载了我省20世纪80年代计划经济条件下城镇住宅建设状况，具有历史纪录价值。

倍和3.5倍，是我省历史上所建住宅最多、规模最大的两年。

但是由于所欠旧账太多，人口增加过快，我省城市住宅的紧张状况并没有明显地缓和，如两年来建房376万㎡，扣除拆迁，净增面积不到200万㎡，而两年中人口增加了39万人，按人均居住面积4.5㎡折合建筑面积8㎡计算，共需建住宅312万㎡，两年中增加的住宅还不到人口增长需要量的60%；再如30年来杭州市人口增长80%，而住房只增长60%。目前的居住水平还是很低的，据统计，到1980年年底止，全省城镇居民人均居住面积约4.87㎡（人口364.43万人）；四市人均居住面积约4.7㎡（人口193万人），其中杭州市人均面积4.23㎡，宁波市人均面积5.6㎡，绍兴市人均面积7.4㎡，温州市人均面积3.94㎡，椒江市人均面积2.87㎡。目前四市无房户、拥挤户（人均面积2㎡以下的）和不方便户为76707户，约占总户数的20%，即全省主要城镇每五户中就有一户是不方便户、拥挤户或无房户。

根据省城建局规划设想，今后十年城镇住宅建设分两步：1981年至1985年（"六五"期间）人均居住面积达到5㎡，五年内全省需建房1174万㎡，平均每年235万㎡；1986年到1990年（"七五"期间），要求在1985年人均

居住面积5.5㎡基础上，再增加1.2㎡，达到6.7㎡，五年内全省城镇需建房1860万㎡，平均每年372万㎡。

上述情况说明，今后住宅建设任务相当繁重。为了把今后住宅设计建设搞得更好些，对前一时期的住宅标准、造价、设计、规划和建设作一次回顾尤有必要。

二、关于住宅设计面积标准

1. 住宅面积标准的历史情况和现状

新中国成立以来，国家建设行业主管部门颁发的城镇住宅建筑面积标准有五次，历次调整都是我国生产、生活发展水平的反映，也体现了党和国家对人民的关怀，对于促进我国住宅建设，改善人民居住条件起到了积极的作用。但由于缺乏经验和来自"左"的干扰，也有某些标准定得不太恰当。

1957年国家建委拟订了《民用建筑设计参考指标》，对楼房住宅分高级和普通两级，平均建筑面积49.5㎡，标准比较恰当。

1966年国家建委转发建工部《关于住宅、宿舍建筑标准的意见》，明确规定人均居住面积不大于4㎡，当时在城市里多

建小面积住宅楼，现在看来标准过低。

70年代，国家建委颁发两次职工住宅标准。第一次，1973年国家建委颁发"744号文"，规定平均每户建筑面积一般地区为34～37㎡，严寒地区为36～39㎡，对不同地区气候条件作了必要区别，比1966年32㎡略有提高。1977年国家建委颁发"88号文"，第二次修订住宅设计标准，规定老厂矿因职工带眷多口户多的情况不同于新建厂矿，面积标准比1966年提高4～5㎡。1978年国务院"222号文"又略有增加，规定每户平均建筑面积一般不超过42㎡，如采用大板、大模等新型结构，可按45㎡设计。省直以上机关、大专院校和科研、设计单位住宅，标准还可以略高，但每户平均建筑面积不得超过50㎡（特殊需要另行报批）。浙江省34～38㎡，省、地、市直属机关，大专院校，科研单位多口户住宅可按50～55㎡设计和建设。从这次对杭、绍、宁、椒四市住宅调查情况看，此标准仍然偏低，执行困难。实际上杭州市老厂矿、企业和居民住宅建筑面积为46～48㎡/户，机关单位为55～60㎡/户，有的达70～80㎡/户；绍兴市老厂和居民为45～48㎡/户，机关为52㎡/户；宁波市老厂和居民45～48㎡/户，机关47～52㎡/户；浙江炼油厂48幢住宅共8万㎡，平均每户面积48.9㎡。上述情况说明超标准的现象比较普遍，反映了现行标准不能基本满足城市居民生活水平提高以后的新要求。当然，也有失去控制的，如椒江市平均居住生活水平低的只有2.86㎡/人，而新建机关住宅面积有的达到70～80㎡/户。

住宅设计面积标准是国民经济水平和人民生活水平的反映，也是进行住宅设计和建设的前提，它的制订必须十分慎重。回顾前三十年住宅建设史，住宅面积标准偏低，为时不久就大拆大改，反而浪费。如不从国情省情出发，提出过高的面积标准，又会延缓住宅紧张状况的改善。如何恰当地制订住宅面积标准，我们认为，要从广泛调查研究着手，制订标准时要实事求是从目前国力出发，着重解决有无问题，既要居近思远，把国家现实的经济实力与长远的经济效果结合起来，又要考虑居住的相对稳定。应力争做到近期不超越国家的经济可能，基本满足居住群众生活要求，远期能稳定发展，不大拆大建。

为了寻求适合我省具体情况，且较为恰当的住宅面积标准，我们试图从调查家庭户人口、各类人口家庭单元在社会人口结构中比例、辈分结构及其变化趋势出发，探求相对稳定的家庭人口构成和相对稳定的户型，即能基本满足近年来各地提出的"住得下，分得开，住得稳"的普遍要求，力求住宅技术政策的科学性。

这次调查的几个居民点，家庭人口数平均为3.78～5.27人不等，大部分不到4人。据杭州市清泰街人口普查，计9900户，总人数35000人，平均每户人口为3.54人（据统计1977年全国平均每户4.5人，1979年每户4.2人。其中大城市户平均人口数要少一些，中小城市要多一些）。各类人口家庭单元在社会人口结构中的比例，据历年各地调查统计，3～5口户最多，占36.6%～60%；这次调查城市拆迁住宅，3～5口户占53.7%～71.1%，新建住宅3～5口户占70%左右。随着计划生育政策的贯彻落实，人民物质和文化生活水平的提高，旧的大家庭不断分化，一对夫妇加一个子女的小家庭不断增加，我省城镇家庭更进一步朝着小型化、简单化的方向发展，三、四、五口户比例逐渐增大，六口以上的户比例将进一步减少，一二口户将处于动平衡状态（国外工业发达的国家，平均每户人口更少，例如丹麦平均每户2.7人，西德2.65人，日本预计每户人数将由1970年的3.7人减至1985年的3.2人）。

家庭辈分结构，以两辈户为最多。因此，预计未来相对稳定的家庭构成是一对夫妇加一个孩子的两辈三口户和一对夫妇加老人或加小孩的两辈或三辈的

四口户和少量的五口户。

2. 对今后十年住宅标准的建议

可以认为，未来的住宅，若基本满足最大量的上述家庭构成的需要，每户要有三个居住空间，这样就能满足"住得下，分得开，住得稳"的要求。"住得下"就是起居、进餐、学习和杂务劳动有足够的活动空间，家庭用具及杂物各有安放之地；"分得开"就是避免三代同堂，大儿大女有分室居住的可能；"住得稳"就是住得稳定，少搬迁。我们的机关厂矿职工，工作相对稳定，调动少；一旦住进新居，都希望相对稳定较长一段时间。调查中各地一致反映，一室户的户型稳不住。一般新婚夫妇一二年后就生孩子，如再请保姆，居住困难问题突显；即使是不育夫妇，倘若有老人或亲眷来住也难安顿。我们认为新建住宅应取消一室户，而代之以恰当比例的一室半户和二室户。

为了统一划分居室大、中、小（半）三类居住面积的标准，综合调查所得的典型平面，对不同开间和进深的居室进行初步计算分析，我们认为大居室的居住面积可定为13～15㎡；中居室9～12㎡；小（半）居室6～8㎡（即大室开间3.3m，进深4.5m、4.8m、

5.1m；中室开间3.3m，进深3.3m、3.6m、3.9m、4.2m；小室开间2.4m，进深3.3m、3.6m、3.9m、4.2m）。

所以较好的稳定户型为：一大一中加一小（半）或一大一中加方厅的三室户（或二室半户）。前者，13.5+11+8＝32.5㎡居住面积。若按K值60%计算，建筑面积为54.2㎡左右。因此，稳定户型需要有每户55㎡建筑面积，最低标准也要50㎡/户。新建住宅，目前应以50～55㎡/户为大多数。在国民经济有较大发展之后，那时可提高到以55～60㎡/户。考虑到我国人多耕地少的国情，尤其是我省人均耕地只有0.7亩，其中良田才0.5亩，建筑用地紧张的矛盾十分尖锐。我们认为，在人口高峰未过去之前，我省住宅面积标准不宜再提高，只宜在质量标准上逐步改善。

关于我省城镇住宅面积标准，在我们住宅调研的后期，国家建委以（81）建发设字384号文颁发了职工住宅面积标准的补充规定。国家规定与调研情况，两者基本吻合。我们认为，我省住宅面积标准，设计时可按下列四种类型的适用范围，分别设计为多种户型。

第一类，每户的平均建筑面积42～45㎡，适用于新建厂矿企业的职工。每户建筑面积最小不得小于36㎡，最大不得大于55㎡。

第二类，每户的平均建筑面积45～50㎡，适用于城市居民，老厂矿企业的职工，县级以上的机关、文教、卫生、科研、设计、单位的一般职工。

省、地、市（杭州、宁波、温州三市）直属机关和大专院校、科研设计单位增建多口户职工住宅，每户建筑面积可提高到55㎡，但必须从严掌握。每户建筑面积，最小不得小于38㎡，最大不得大于65㎡。

第三、四两类同国家建委新颁发的标准，分别为60～70㎡、80～90㎡。对于第四类住宅，调查中有关部门认为将来家庭人口减少，不要求面积过大，但要求质量高一些。

上述标准，已相当于日本五十年代或苏联六十年代的水平。我们认为至少可以稳定五至十年左右。

对新建城市居住区的户室比，据调查分析，建议：1～1.5室户占15%～25%，2～2.5室户占60%～75%，3室户占10%～15%。

三、关于住宅设计

调查中，我们考察过四市的115种类型80.77万㎡住宅，绝大多数是由省建筑设计院、杭州市建筑设计院、宁波市房管局设计室、宁波市建筑设计院、绍兴市房管会设计室、浙大设计室和浙江炼油厂设计室设计的。这些单位自1977年以来都有自己的几套通用住宅设计图。省建筑设计院为全省编制了大量的住宅构配件标准图和"78型"、"79型"住宅通用设计图。杭州市建筑设计院从体育场路的"77型"、米市巷的"78型"、朝晖路的"79型"发展到石灰桥的"81型"。宁波、绍兴根据省通用设计加以修改补充，也有各自的"77型"、"79型"和"81型"。从这些类型的演变中，可以看到我省住宅设计水平进一步提高所留下的印迹和广大设计人员为改善我省城市居民居住水平所做的努力。1981年以来，省建筑设计院在设计更新型的通用住宅设计、构配件图集（如标准钢门窗、信报箱、多种式样的阳台栏杆花饰及其他构配件等）方面提供了大量的技术支撑。杭州市建筑设计院在总结经验基础上，正在编制1982年通用住宅设计图。总地看，随着近五年住宅建设的大规模发展，我省住宅设计水平提高较快，趋向是好的，这是主流。但是，存在的问题也不少。这次调研发现对设计方面的意见很多，除了部分属于居民生活水平提高以后提出的新要求，并非设计不合理以外，大部分属于设计不周全，反映了当前住宅设计的深度与精度不够。为了改进今后住宅设计，现提出以下几方面的问题。

1. 平面设计

经归纳，目前全省基本住宅单元，可归纳为八种：

（1）以"省78—4型"为代表的一梯四户、内廊式；

（2）以"杭79—5型"为代表的一梯四户，横梯式；

（3）以"杭79—4型"为代表的一梯四户，点式；

（4）以"杭79—2型"为代表的一梯三户，内廊式；

（5）以"省78—6型"为代表的一梯四户，北外廊式；

（6）以"杭11中住宅"为代表的一梯二户，内天井式；

（7）以"省78—9型"为代表的一梯二户，内廊式；

（8）以"省78—10型"为代表的一梯二户，内廊式；

其中，"省78—9型"，建筑面积55㎡/户，平面布置较合理，能基本"住得下，分得开，住得稳"，已广为机关院校、科研单位所采用；"省78—9型"在全省共建了约14万㎡；"杭

清华建筑学人文库
胡理琛文集

79—2型"，平均建筑面积43㎡/户，充分挖掘小面积住宅的潜力，安排紧凑，颇受住户和建设单位，尤其是厂矿企业的欢迎，"杭79—2型"在杭州共建了近20万㎡，是全省建得最多的类型。这两种类型均被评为我省70年代优秀设计项目。但是，它们也需要进一步改进，如"79—2型"要组织好穿堂风，"78—9型"要设置方厅等。点式住宅，在朝晖新村、浙江炼油厂、浙大等住宅区建了一些，它对丰富居住区空间起到了良好作用，此外也建了一些大进深内天井式住宅，这些成绩是基本的。但总体上看，平面类型少，大部分是内外廊式、点式，变化少，建得也少。住户反映最差的是"省78—4型"及其相似型。它虽然有独用厨房、厕所，但设计不合理，两户同一个门，干扰大，使用不便且易惹是非。一些非设计单位设计的住宅，一般面积大大超过标准，且设计不科学，造成很大浪费。如绍兴地区某局宿舍，厨房、卧室面积太大，75㎡/户，才两室一厅。此外，对节约用地注意不够，一是平面进深太浅；二是除了个别住宅采用大深进（如杭11中宿舍进深12.5m）外，大部分进深较浅约，7.8～8.3m；三是还有些单位自己建的住宅，平面凹进凸出，对用地指标注意不够。如果成套住宅进深不统一，

将产生组合性能差、不便于灵活拼接等问题，因此要尽量统一，要方便拼接，要能组合成不同的形式。对于量大面广的38～55㎡/户三间住宅，设计还需加强探讨和提示。

住宅平面设计的改进和提高，应结合小区、新村的规划，在实践中探索和创新，以适应不同朝向的要求。除了内廊、外廊等形式外，可创作一些点式、塔式、大进深内天井式、台阶式、灵活拆装的自由式等；也可以根据不同城市、不同地段的具体地形、气候特点，文化、历史和风土民情，创作一些各具特色的住宅平面类型。如历史文化名城绍兴，似应设计一些低层院落式的民居。浙江省会、风景旅游名城杭州，也可以结合旧城改造，在适当地段建一些高层住宅建筑等。此外，为适应各种不同的建筑体系和新技术的应用，创作一些能满足这些技术要求的平面类型，如大开间灵活隔断、太阳能住宅、中型砌块、大模住宅等。此外，充分利用国外一切先进经验和技术大胆创新，根据我省情况，在现有的经济技术条件下，发展更多的平面类型是可能的，潜力很大。

2. K值

过分强调提高K值，并不一定能达

到预期的利用效率，在一定条件下还可能降低住宅的使用功能。我国双职工多，下班除了就寝，多半时间用于盥洗、烧饭、进餐、会客。而现在住宅 K 值偏高，普遍出现厨房小（约3㎡）、厕所小（约1.2㎡）、无方厅、无贮藏室，还有套间多的问题。在目前建筑面积小、老式家具尺寸大、室内无固定家具的情况下，除保证一个居室较大外，其余卧室面积需适当缩小，厨房、厕所面积可适当加大（厨房4㎡以上，厕所1.8㎡以上），有条件的应开辟方厅。应当组织生产一些固定家具、小型家具和大起居室（或堂、厅）加小卧室的新型住宅试点。

3. 组织好穿堂风

浙江地区处亚热带地区，有些地区（如杭州），高温、高湿、风速小，气候闷热，要想取得夏季较凉爽的室内小气候主要靠穿堂风，这远比加大层高重要。有的设计却只着眼于层高，有的高达3.2m，而忽视穿堂风的组织。一般一梯二户、一梯四户的穿堂风容易组织，一梯三户则较难。住户也反映一梯三户太热，只要不是面积标准过小，这一类型在闷热地区宜少建，小面积的住宅可多用一梯四户。

关于层高，我省对2.9m层高反映尚好（如中型砌块住宅），对2.8m层高感觉还可以（如内浇外砌住宅），因此，可以认为层高2.9m在浙江是合适的。

4. 须尽量为底层和顶层住户增加点好处以补其不足

浙江炼油厂住宅、杭州莫干新村、贾家弄新村及其他一些单位的住宅底层围有小院墙，住户确实得到了实惠。而大部分住宅底层则无院墙，甚至无阳台、窗户无铁栅，不能晒衣，不易防盗，住户反映强烈。浙江炼油厂住宅小院墙的形式值得推广，它既经济、适用又美观。如莫干新村小院墙高1.6～1.8m，浙江炼油厂住宅区小院墙高1.5～1.6m，进深2.2～2.6m，可以晒衣、种花、养金鱼等。

5. 适当改善室内设备和装修

由于人民生活水平的提高，对住房质量也有了新要求，电扇、电视机、洗衣机、电冰箱等家用电器日益增多，像浙江炼油厂，家家户户有电扇、电视机，约1/3家庭有洗衣机，少数家庭还有电冰箱。浙大副教授以上家庭有的有电冰箱，40%以上有洗衣机。因此每室一个插座已不能满足需要，对卫生设备要求也高了，对蹲坑已不满足，希望安装坐便器；为解决老人如厕，有的住户用旧木椅挖个洞代用。住户还希望有固定碗橱、壁橱和书架。据杭州市房管部门反映，新建住宅约有1/3～1/2住户自漆墙面，1/2以上的住户自漆地面，家家户户自装纱门窗或挂纱。这些都是对住宅设计提出的新要求，有条件时应尽量满足。浙大新建住宅的建筑标准较高，每户装坐便器、纱门窗、简易浴缸、壁橱、书架、墙面涂"106"等，基本满足了住户要求。

最近国家建委颁发的补充规定，除对面积标准略有提高外，对质量标准也有明显提高。结合我省情况，住宅质量标准以如下为宜：每套应设独用厨房、厕所、阳台和壁橱。厨房设碗柜（架）、壁龛或搁板，有条件时可设服务阳台和污水池，厕所设坐便器、洗脸盆、浴缸和贮藏室。

按照上述质量标准，我们对套用最多的两种住宅类型，即省建筑设计院的"78－9型"、杭州市建筑设计院的"79－2型"住宅的工程决算分析了造价指标，情况如下。

"浙78－9型"应用于市广播局宿舍，由杭建一公司施工，1981年8月竣工。每户建筑面积55㎡，层高3.0m，6层三单元。土建竣工决算90.57元/㎡。增加因质量标准提高的新因素，造价接近105元/㎡。

"杭79－2型"住宅，杭州市住宅公司施工（统建），1980年竣工。每户建筑面积45㎡，5～6层，层高2.9m。统建土建造价82.8元/㎡，增加因质量标准提高的新因素，造价为99.36元/㎡。考虑非统建和不可预见的因素，造价指标也近105元/㎡，与"浙78－9型"情况相似。按新定标准，经省建筑设计院对三单元"78－9型"和"79－2型"重做概算，结果也是相近。

如包括室外庭院绿化、化粪池、下水道、小院墙、宅旁小路等约4～5元/㎡在内，约110元/㎡。故一、二类单方造价指标以杭州市的材料价格为基础，定为110元/㎡。其他地区按照批准的当地材料价格进行调整。

6. 要解决好杂物贮藏问题

大部分住宅利用空间做了搁板，但贮藏容量普遍不足。据调查，每人约有0.5m³的杂物量，应争取每户有2～3m³的贮藏空间，可根据各类住宅建筑面积的不同情况，采用搁板、壁橱、贮藏室等不同形式解决；尤其对小面积住宅，做搁板对空间利用有一定价值。搁板宜设在次要房间，因为一般都反对在主卧室设搁板。应当注意的是，在住宅层高降至2.8～2.9m以后，搁板放置的位置，应认真选择。

7. 要解决自行车的存放问题

过去住宅设计中均未考虑自行车存放，随着人民生活水平的提高，城市自行车数量迅速增加。据了解，平均每户拥有量为1～2.5辆，如杭州约2.5辆、宁波约2辆、县城约1辆。住在4层以上的居民存车难是个突出的生活问题。目前群众自发解决的办法有几种：一是在单元入口处加门，自行车存在楼梯底和平台上，夜间单元门锁闭；这种办法使用方便，还可防偷，效果尚好，但存量不大，妨碍交通。二是一幢住宅一个车棚，自存自取，存取方便；但被窃现象仍难避免，且车棚影响居住区庭院环境。三是一组住宅建一排车棚，杭州已出现多处。如横河街道车棚是由公安派出所管理，可存车105辆，存车费每月0.7元，由四位老太太管理，通宵服务，月工资20元/人，入不敷出，靠派出所贴补，如能存200辆，收支可以平衡。此种形式颇受欢迎，缺点是等于增加了4层以上住户的房租负担。四是在住宅单元底层，设计时预留一间专供4

层以上住户存车用，但不易管理好。上述形式各有利弊，存车问题最好在小区规划中，统一安排解决。

8. 住宅垃圾道的设置要合适

新建五、六层住宅多数设垃圾道，但往往因口径太小、内表面粗糙或上下口位置欠妥，加以使用不当，使垃圾道经常堵塞，上臭下脏，影响卫生。对此，多数意见要取消，改为集中垃圾箱或垃圾站。一般多层住宅不设垃圾道问题不大，要设的话位置要适当，截面一般不宜小于60cm×60cm，上入口要便于倾倒垃圾和自封；下出口的高低和斜度要恰当，并要有围护和隔离墙。

9. 一些建筑构造问题有待改进

构造问题反映出设计精度不够。如阳台栏杆高度90cm，太矮，有的甚至只做85cm，容易造成安全隐患（按有关规定应不低于95cm）；有的构配件尺度不对，许多阳台排水不畅，常造成水的倒溢；阳台排水管过短，排水时污染下层；钢门窗上无法安装纱门窗；大模住宅、砌块住宅，墙面不容易钉钉子等。这些都需要设计单位进一步研究解决。

要提高住宅建筑的艺术水平，美化

城市，美化生活。近几年来，各地住宅设计在外形、色彩上已有一些改进，如杭州大学路小区，阳台用弹涂，有米红、枣红、浅绿、浅黄等，色彩较丰富；文二街新村用色和谐；新华印刷厂住宅用细干粘石粉刷，价廉物美；浙江炼油厂、莫干山新村小院墙尺度宜人，富有生活气息；宁波有的住宅搞了凸窗，丰富了街景等。但总地看，住宅形式一般，千篇一律的平屋顶，处处马头墙，大刀片栏杆，住宅编号没有设计（有的随便涂号），缺乏各具特色的建筑风格，致使杭州、宁波、绍兴相差无几。新住宅只提供了生活空间，尚未提供优美宜人的室内外环境，空间设计上缺乏营造居家环境的审美情趣。

相当长时期以来，由于"左"的影响，"适用、经济，在可能条件下注意美观"的原则得不到正确的贯彻，往往片面强调"经济、适用"，不能或不敢提"在可能条件下注意美观"。当然过分地把建筑美观提到不适当的高度也是有失偏颇的；然而，二十年来住宅建筑的主要问题，不是过分讲究造型美观，而是注意不够。建筑作为文化还有着"精神功能"作用。广大建筑师不能或不敢对建筑艺术进行有益的探索，在那种"人家用过最保险"的思想下，稍有新的手法大家便互相套用，把一种有生气的创作搞得到处都是庸俗不堪，就像得了建筑传染病似的。今天提倡要精神文明和物质文明建设一起抓，精神文明搞得好，可以推动物质文明的建设。著名的风景旅游名城杭州，要是能建设成一个造型新颖、环境优美、充满绿荫的宜居城市，一定会给人们一种精神享受，给人以向上的力量。居住或到过杭州的人们，也一定会从中激发起热爱生活、热爱祖国、热爱社会主义的高尚情感。因此，应当鼓励设计人员，解放思想，开动脑筋，在建筑风格上大胆创新，千方百计使我们的住宅设计和建设面貌呈现出新的变化、新的气象。

同时在实践中要解决好标准化和多样化的矛盾。标准化是手段而不是目的。在目前我省的经济技术条件下，主要是住宅的平面、空间参数必须统一，构配件必须统一，其他应允许设计人员在国家规定的建筑标准范围内大胆创作，以满足各地区的各种不同要求。

搞好建筑小品设计，如院墙、栏杆、小路、花坛、路灯、门牌、楼号牌等，这些都是住宅小区的重要装饰构件。认真搞好小区的公建设计，对美化居住环境作用很大，如浙炼住宅区菜场采用扇形折板屋面，效果很好，搞好公建设计可以起到画龙点睛的作用。

四、关于居住小区建设

居住区是人们"八小时之外"主要生活场所，人们从中得以户外交往和休憩娱乐，有人称为"劳动力再生产工厂"，创造方便、舒适、优美的居住环境是党和国家关心人民群众生活的大事。这次调研四市情况，居住环境以浙江炼油厂为最佳。那里商业服务设施已基本配套，所缺的电影院也已开工，住宅间距超过1∶1.2，庭院空间较有变化，也没有小搭小建，道路整洁，绿化郁郁葱葱，庭院点缀了花坛等建筑小品。不足之处是公共服务设施尚缺少俱乐部、体育场、公园，住宅色彩、造型欠佳。杭州新居住区绿化，仅朝晖新村1号小区一小块，几个小区新村配套设施均未建成。宁波、绍兴更差一些，有的连路都没有。住宅间距，杭州过去1∶1，现在市区1∶1；郊区1∶1.2，宁波0.9∶1~1∶0.9，绍兴1∶0.9，均达不到卫生要求。住宅布置多是行列式，点式用得很少。搞好居住小区建设，应着重做好几件事。

1. 注意总结经验

我省小区规划历史较短，1974年规划的朝晖新村1号小区才是第一个，落后北京、上海约20年，因而经验尚少。好的小区规划是创造方便、舒适、优美环境的关键。目前，应着重于规划结构和建筑布局、地方特色、空间变化、建筑群体色调、绿化、住宅单元拼接、组合灵活多样、建筑层次和土地利用等问题的改进和研究。

2. 居住小区（新村）规划要整体设计，保证小区环境的统一

如朝晖新村1号小区，规划是市规划局，住宅设计既有市建筑设计院也有省建筑设计院。结果住宅形形色色，缺乏和谐统一的建筑群体艺术效果，建筑小品也无人过问。浙江炼油厂基本上是独家规划设计，虽无鲜明的风格，但是比较和谐统一，从建筑、道路、绿化到小品都能照顾到。整体设计还能促使设计单位和设计人员对小区环境全面地负起责任，即使难以做到一家规划设计，也必须做到设计与规划密切配合。

3. 搞好居住区的绿化设计、建设和管理

色彩与造型是造型艺术中两个最重要的因素，色彩常常是先于造型拨动人

们的心弦。绿化是最大面积的色彩，因而建筑体型、建筑色彩、绿化三者相比，对于多层、低层住宅，绿化至为重要，其次才是建筑色彩。绿化对居住环境在艺术上能起到统一的作用，绿草绿树还能给人以一种亲切感，红花则给人以一种幸福感，绿化得好可以弥补建筑造型和建筑色彩的不足；此外，还能为日常起居中的居民提供新鲜空气。据有关资料分析，每人每天所需的氧和排出的二氧化碳，需要10㎡阔叶林或40㎡草坪来平衡。绿化花钱少（0.5元/㎡）效果显著，但也要解决资金问题。当然只知道种树，而规划设计或管理不好，也会劳民伤财，如宁波曙光一村虽有绿化，但种的都是樟树，一是生长太慢，二是小庭院容不下大树，长大了也要砍除。居住区除了搞好平面绿化外，还应充分注意立体绿化，据调查，新建住宅的阳台都能摆花盆，只不过是没有专门设计，没有花槽，显得杂乱无章。因此，建议在今后阳台或窗台上要设计花槽，以统一立面绿化效果，与庭院的平面绿化共同组成立体绿化，使居住环境完全被掩映在绿树花丛之中。

4. 既要节约土地又要保证合理的住宅间距

我省各地城镇的住宅，间距因"见缝插针"而变得很小，征地新建住宅的间距也不够，底层住户冬至日前后基本照不到阳光。按冬至日底层满窗日照一小时计算，杭州的住宅间距，5层楼应不小于1.29；宁波、绍兴应不小于1.27，温州应不小于1.19。住宅按现在1∶1~1∶0.9的间距建设，势必到一定时期要拔除一些房子，反而造成土地浪费和资金浪费，还破坏了城市小区面貌的完整性。因此，住宅问题应从长计议。我省地少人多，住宅与用地是我省当前非常尖锐的矛盾，节约用地的途径除了适当压小住宅间距外，还应从更大更广的方面来研究，如结合国土整治，合理选择居住用地，尽可能利用山坡地；要考虑旧城改造和征地新建的恰当比例，旧民居的利用，新建住宅面积标准的控制；结合层数与密度的探讨，考虑小区规划布局的科学性；加大住宅进深，降低层高，搞台阶式等，杭州市区还可考虑建若干高层住宅。冬至日满窗日照一小时的标准，凡有条件的都应当争取达到。

5. 合理规划新城区

在进行城市总体规划、工业布局、厂址选择时，应争取将若干个大型工矿企业的生活区接壤连片。由于居住区的环境与居住区的规模和公建综合指标有关系，如能组成1万~5万人口的新城镇（如北仑、温州龙湾，椒江前所等地），就可以得到较大规模的公共文化、商业服务设施，可以提高物质文化生活水平，丰富居民生活内容，有利于大、中城市人口向小城镇疏散，综合投资效果也好。像浙江炼油厂加石油部三公司职工家属达1万多人，如能按综合指数建成文化生活配套设施，基本上可以达到居住小区级的水平，如再有几个大厂的生活区整合在一块就能达到居住区级规模。

6. 其他要解决的问题

我们认为解决城市住宅问题，必须改革当前住宅的建设方式，把分散投资、分散征地、分散备料和分散施工的老办法逐步改为由承包部门综合开发、统一建设，扩大住宅建筑商品化经营。实现人民城市人民建的方针，多种渠道集资进行城镇住宅的建设。在这个基础上，才有可能实行居住区的统一规划、设计和建设。

此外解决城市住宅问题，还必须注意，在新建的同时对旧房维修也不可偏废，旧城改造应使旧房维修与拆建并重；继续扩大适用的住宅建筑体系，如内浇外砌、中型砌块等。对量大面广的住宅构配件，不仅要组织定型设计，而且要组织统一生产成套供应，这样有利于提高生产效率，降低造价，提高质量。对住宅建设中急需解决的技术课题应该组织技术力量，进行科学研究，逐步加以解决。

杭州市总体规划与旅游关系的若干探讨

杭州是名驰中外的风景旅游胜地，她的规划为世人所瞩目，人们对她的要求高，加之我们又缺乏风景旅游城市的规划经验，因而难度较大。另外，长期"左"的错误思想影响和"十年动乱"所造成的种种破坏和欠账，也给规划工作难上添难。笔者对杭州城市总体规划的几个问题发表一些很不成熟的意见，供参考。

一、旅游在总体规划中的地位

对于杭州的城市性质，最后定为："是全国重点风景旅游城市，是浙江省的省会"。排除了"以丝绸、电子仪表工业为主的……"等种种提法。我认为这样定杭州的城市性质是恰当的。从全球来看，本世纪30年代起，特别是第二次世界大战后，以服务业为主的所谓"第三产业"迅速发展。作为第三产业的旅游业，自60年代以来发展尤为迅速。据联合国预计，到2000年世界旅游人数可能达到30亿人次，这也是人类进入高度文明的一个标志。虽然目前杭州旅游收入所占比重很小，但须看到它是一个新兴的事业，近年来发展之快已出乎意料，去年杭州的国内旅游人次已猛增至一千多万，华侨、外宾旅游人次也达13万多。按总体规划，远期（到2000年）接待华侨、外宾二百万旅游人次，将占那时全国华侨、外宾旅游总数的1/3，即使就现在的服务水平计算，每年也可以为国家创造数亿美元的外汇，将来服务水平提高后，创汇水平肯定还要高。查现在西方国家旅游外汇收入，一般都占到本国出口总额的20%左右，许多城市的旅游收入已成为主要经济支柱之一。可见，确定杭州为全国重点风景旅游城市是完全正确的，符合国家和人民的长远利益，有利于发挥杭州的优势。由于杭州园林和城市环境容量有限，人口规模不能过大，在"旅游"和"省会"以外，如想再添别的什么性

经历"文化大革命"十年浩劫之后，城市百废待举。杭州市政府1979年开展了城市总体规划的修编工作。在总体规划一些重大问题业已取得一致意见的基础上，本人作为省政府城市规划的主管部门——省基本建设委员会的一员，就其中城市总体规划与旅游关系若干问题，如旅游在总体规划中的地位、有关城市布局、保护城市建筑艺术传统等发表个人意见。原载《建筑学报》1983年第9期。

质，实际上已无以复加了。

既然城市性质定为"全国重点风景旅游城市"和"省会"，旅游和省会两者，主要是旅游，它就应该作为杭州总体规划的主导因素：它是规划的出发点，又是规划的最终目的。例如，城市人口规模，除根据自然增长和机械增长以及部分农民由于土地被征用转为城市人口外，是否还应该算一下为旅游业服务的人口数，调查旅游人次与城市人口规模的比例是否失调。据统计资料，年接待近二百万旅游人次的香港，以旅游为生的人口多达八十多万，如果照此类推，年接待二百万人次华侨、外宾和可能达三四千万人次国内客的杭州，远期一百万人口全部服务于旅游也还不够。诚然我国游客的消费和旅游服务一时还难赶上国际先进水平，游客在杭州逗留时间也比香港短，不可简单地与香港类比。但是，对为旅游服务的人口作一个大概的估计还是必要的。按远期旅游规模，平均每天的流动人口预计达十多万人，对于一个人口不到百万的城市，这也是一个不可忽视的规划数字。远期为年接待二百万人次的华侨、外宾，尚需增设24150张床位（现有和在建的有2700张床位），以平均每张床位35㎡的低水平计算，需增建84.5万㎡的旅游旅馆，包括建设各种配套服务设施，共需用地一百多公顷；此外，还有为国内游客而增加的旅游设施用地。旅游用车，按现在平均每九张床位一辆计算，远期仅仅为华侨、外宾服务的大、小汽车就要三千辆，加上国内游客用公共汽车和市内正常客运车辆可能达一万辆以上。如无有效的规划措施，到那时去灵隐、六和塔、火车客运站和机场四个方向，道路上汽车之密集程度则完全可以想象了。对外交通的客运量也会因为旅游发展而起变化。按华侨、外宾人均逗留三天计算，到2000年高峰日吞、吐各达一万八千人次，再加数倍于此的国内游客和城市的正常吞吐量，这对机场和火车客运站不能不提出新的要求。随着旅游人次成一二十倍的增长，各式快餐、饮料等食品工厂、纪念品等工艺美术品工厂肯定接踵而来，规划中不能不为食品和传统工艺美术等轻型工业的发展留有余地。其他，诸如园林绿地、商业服务设施、公共建筑、道路广场，甚至蔬菜副食品生产基地的建设规划，将无一不受到旅游业的影响和相互制约。

因此，应该把旅游业摆到杭州总体规划的主导地位，尽可能地预测和分析因旅游业发展而带来的各种问题，能定量则定量，不能定量则定性，进而研究其各项规划对策，只有如此，才能最终达到把杭州建成为风景旅游城市的目的。

二、有关城市布局的几个问题

如何把一个工业已占据其相当比重的城市改造成为一个既有现代化设施，又有清洁优美环境的风景旅游城市，杭州规划所面临的难题确实很多，存有不少未被认识的领域，我们唯有一方面借鉴国外风景旅游城市的管理经验，另一方面通过学术上百花齐放、百家争鸣，共同来探索我国社会主义风景旅游城市的规划科学和规划艺术。

对于杭州市总体规划布局，我想至少要对准三项目标：一是风景旅游的高水平、高质量、高效益；二是为市民创造一个适宜方便的工作环境和优美雅静的生活环境，把"旅游公害"压缩到最低限度；三是为城市发展留有足够余地。为此，我有以下几点粗浅的规划设想。

（1）杭州城市西、南被山水所阻，北面又是工业区，远期唯有跨过铁路往东向江滨扩展。考虑江滨风景资源的利用和路东的规划安排，铁路以维持原位为好。对外的南北向公路也不宜穿居住区而过，而应以贴近铁路，与铁路一道通过城市，对居住区以干扰最少为宜。

（2）扩展后的城市由于铁路的穿插，被分隔为东西两半，作为城市大门的火车客运站便处于城市的中央。为解决东西城区间的交通，尽管可以在城区铁路线段上设置四五处立交，但毕竟通行能力有限。事实上，被铁路穿行地带既是城市的腹地，又是东西两城区的边缘。西城区的北部是工业区，南部附有西湖风景，是游人必去之地，旅馆和商业服务设施已初具规模，但目前人口稠密，交通拥挤；东城区除南部有些仓库、工厂外，基本上还是白纸一片。如要对总体规划进行战略性设想，可否区别东西城区的不同环境作不同功能的部署，西城区北部仍作为工业区，南部继续发展建设成为旅游服务区，但必须疏散一部分人口，降低建筑宽度，扩大城市绿地增加一些透景，改善游览环境；东城区可利用它濒临钱江，风景秀丽，夏日气候凉爽的有利条件，主要把它规划建设成为一个有完善商业文化医疗卫生等服务设施的、环境舒适雅静的生活居住区以及食品、传统工艺美术等轻型工业区，江滨地带也可以布置适量的旅游设施。

为了保证西城区有良好的游览观光环境，不使环境负荷过度，务必在东城区规划一个包括商业、文化、医疗、体育等设施完善的公共服务中心，其质量和规模都要具备足以吸引住东城区市民的能力；北部工业区在卖鱼桥附近，也需要设置类似的公共服务中心，使这两个区的市民生活保持相对独立，一般的物质文化生活在本区内就近解决，不至于多向往复给两城区的居民出行带来不便，同时也能减轻市内交通负担。

这样，整个城市便形成西、东、北三个相对独立的组团，它们之间又有主有从，以西城区为主，其余两个为从。又因各自环境所异，分别赋予不同的城市功能。

（3）西湖山水和名胜古迹几乎都集中在城西，一些风景点已人满为患，如灵隐，高峰日达到3万～4万人次，游人摩肩接踵，环境质量在急剧下降。为了适应旅游发展的需要，规划中除了增辟西湖风景点外，建议充分发掘江滨风景资源，开辟一两个大型的高水平的江滨公园，结合搞些水上活动设施，以吸引部分市民和游人向东边去，这对减轻西湖风景区的压力，平衡公共交通的游览流向或许会起到一定的作用。江滨地区夏日江风吹拂，比闷热的西城区凉爽，开辟江滨公园，还可为市民提供避暑场所。另外，建议开辟一条横贯东西的林荫路，与东河绿带相交叉，使人们从西湖到江滨或从机场、火车站去各风景点都不致离开绿色的环境。将来，有了江滨一片公园，再加上城区公共绿化和河、路旁的绿带，就可以与西湖风景区组成一个点、线、面相结合的绿化系统，达到城市在风景中，风景在城市中的园城一体的艺术效果，以改变现在"园是园、城是城"的分离状况。

杭州市民长年生活在"天堂"之中，对园林的享受水平远高于一般城市，更高于上海，小块绿地难能引起人们的兴趣。根据这一心理特点，绿地规划要有别于一般，小块分散的公共绿地要适当合并得大一点，同时还要讲究质量，如此才能充分发挥这些绿地的效用。至于改善居民的日常生活环境，主要靠居住区宅旁绿地和放宽被压得过小的住宅间距，建设好住宅组内的小绿地。

（4）随着世界旅游业的蓬勃发展，参加旅游的不只是富豪大亨，还有知识分子和劳动群体，以及社会各阶层人士；旅游的方式愈加多种多样，有单纯观光的，有从事学术考察的，有参加会议的，有进行文化交流的，也有来休养的……他们在杭州的逗留时间不同，对旅游设施和投宿环境的要求不尽一致。作为全国重点旅游城市，旅游旅馆区的规划是杭州市总体规划的重要组成部分，它必须充分考虑上述各类人和各种旅游方式的需求。规划的内容比较丰富，用地也多，它牵涉到城市规划的各个方面，会直接影响旅游的服务质量、综合经济收益和城市艺术效果。因而，在总体规划中，有必要区别不同地段的自然环境，扬长避短，因地制宜，科学地安排各种类型的旅游旅馆，以达到旅游规划的最佳效能。例如，西山区环境幽静，原有旅馆会议场所较多，可明确以会议旅馆为主，这里属一级风景保护区，旅馆规模要限制，但要完善会议设施；五云山面对钱江，景色宜人，可建成一个山庄式高级旅馆区；"体育村"紧靠体育运动中心，主要用来接待参加体育比赛的运动员，也可接待其他旅客；钱塘江江滨空气新鲜，气候宜人，可明确以休养旅馆为主，也可建一些别墅式高级旅馆，主要用来接待逗留时间长而用车少的旅客。在城区，旅馆总床位不宜过多，不能把它作为城市的主要旅游旅馆区，不然，千余辆旅游汽车在城区穿梭，会导致"旅游公害"的扩散，也不方便旅客；北山本身是西湖主景区，面貌已遭到杭州饭店、西泠宾馆、新新饭店新楼等几幢大建筑物的破坏，不宜再增设旅游旅馆，今后，这一带凡是有碍风景的建筑物应逐步予以改造或拆除。

此外，建议在建国路中段，沿东河绿带规划一个约万余床位的综合性旅游街区，作为城市的主要旅游旅馆区，设置不同等级的旅馆，用来接待数量最大、逗留时间最短的华侨和外宾观光旅客。搞这个相对集中的旅游街区，好处有：①去机场、火车客运站最近，吞吐最快，去西湖风景区也不远，市内交通的虚功可以少做；②可直接浏览杭州的民情风俗、古城旧宅，能满足游客领略异乡情趣的心理需求；③能方便游客利用零碎时间访市购物，夜晚去西湖赏月观景，增加城市的商业收益；④可综合使用城区和街区的商业服务设施，便于集中供热供电，节省投资，节约能源，减少污染；⑤建国路非城市主干道，具有最优越的道路环境，有东河和宽阔的绿带，可结合这样好的环境，对旅馆和各种商店、餐馆、酒吧、影剧院、多功能厅堂、游泳池等服务设施进行整体综合设计，可借鉴巴黎拉·德方斯街区、莫斯科加里宁大街将人车分流、客货分流的现代规划手法，类似地实行客货分流，自行车和货运车可辟后路通行，保持街区内部清洁宁静，为杭州增添一个柳丝茵茵、小桥流水、鸟语花香，极为优雅的街区园林，及建筑错落有致，组群灵活多变，造型谐调美观，既有杭州乡土风味又体现时代精神的崭新街景。

（5）规划布局还应为超远期的发展留下余地，不要堵死。杭州远期城市公共绿地人均指标才8～10㎡，只抵东京近期要发展的水平，现在华盛顿已达

40㎡，华沙、堪培拉多达70多㎡，波恩才28.6万人口，就有公园4百个，规划还要建7百个。相比之下8～10㎡与杭州这个举世闻名的风景城市太不相称了，即使超远期公共绿地面积翻一翻，仍远远落在世界先进城市的后面。因此，要考虑到将来国家经济实力增强、人口下降之后城市绿地和其他用地可能的发展。建议吸取当年把重工业放到半山去的成功经验，把规划中的污水处理厂和有"三废"污染的工厂的位置往东北角更远的地方推移，留出足够的城市扩充余地。另外，还要为科学文化事业保留一块发展用地。杭州是一个历史悠久的文化古城，自唐宋以来，就和诗人、画家结下了不解之缘，为后人留下如此众多的人文景观。往后，不可能只发展旅游，不发展科学文化，相反，伴随着现代化的推进，必然会出现科学文化的繁荣。考虑到现在的文化区，正处于机场飞行带之下的实际情况，已经受到飞机起降噪声的严重骚扰，极不符合城市环境保护的要求；如果机场不能搬迁，待将来航班成十几倍地增长后，这里的空间环境将大受影响，发展前景亦将变得相当暗淡。能否在远期或超远期向运河出口处北岸发展或者启用钱江对岸大桥东侧的一片土地，像东京在城郊建立"筑波研究学园城"那样，也建设一个

科学文化城镇，集中一批高等院校和科研机构，配上完善的生活设施。

三、关于保护城市建筑艺术传统

规划对保护和修复古建筑采取了许多很好的措施，如在三元坊、清河坊、大井巷、元宝街一带，保留了一些具有地方特色的民间建筑；修复岳官巷的明代吴家官邸，清吟巷的清代宰相府、三宝街的南宋德寿官遗址等。我只是补充两点：一是我们无数雕刻精美的建筑装饰部构件多毁于人祸，或在旧房改造和拆迁中常把她们当做破烂砸碎、肢解、焚毁。今人痛心的是，至今这种愚昧行为仍在继续中。浙江文化发达，建筑工艺精湛，如果不采取有效的保护措施，这些建筑文化遗产将会被荡涤干净的。建议有关部门像收购文物一样，论质评价，收购建筑部构件，想方设法把这笔巨大的艺术遗产保存下来，这些一旦经过建筑师们一番匠心，还可以移植、拼合成园林中的亭台楼阁、别致古雅的高级旅游旅馆，或运用于现代建筑中作为艺术点缀，为城市增添民族的艺术光彩。二是人们非常厌恶杭州建筑一片灰白的单调色彩和"千人一面"的城市面貌，渴望把杭州城市打扮得绚丽多彩

些。为了早日达到人们理想中的艺术效果，亟待建筑师们进行认真的研究探索，抓紧寻求新时代的艺术手法。但是，这是一个牵涉到传统与革新、艺术与技术、精神与物质、园林与建筑、风景区与城区、局部与整体……许多复杂的学术问题，关系到艺术体系和风格，不可病急乱投医，否则会弄巧成拙，比如彩色琉璃瓦和面砖不能提倡采用，贴多了这些，建筑物满身珠光宝气，将与杭州赖以衬托秀丽园林风光的素雅的城市建筑传统风貌格格不入。素雅与绚丽是相辅相成的，建筑的素雅可以反衬园林更显绚丽多彩；当然，素雅不等于一律灰白，尤其是现代城市建筑，已不可能老是粉墙灰瓦，个别的也可施重彩，但在总体上应该是比较素雅的，这种艺术风格犹如传统的彩墨画。究竟如何继承和发展杭州城市的传统艺术风貌，还有待于努力创作和实践。

谈温州市城市规划

该文为1983年12月本人在浙江省建设厅组织的《温州市城市总体规划》技术鉴定会议上的讲话摘要。主要述及总体规划审批后的工作，如规划的宣传、分区规划和详细规划，规划科学要向前推进，温州城市风貌和建筑风格，以及加强城市规划管理等。

城市总体规划是一定时期城市建设和发展的总的蓝图，是城市建设和管理的依据。温州城市只要严格按通过的规划执行，各方面的建设速度就会加快，而且城市的经济、社会、环境效益会进一步提高。城市总体规划完成后，给温州市人民展示了温州市到2000年的美好前景，对全体市民来讲也是很大的鼓舞，可以提高他们对争取新胜利的信心。

一、城市总体规划审批后的工作

总体规划批准以后要大力开展宣传，要开动各种宣传机器进行宣传，要宣传城市规划的各项内容，要宣传规划对温州将来城市建设和发展的重要意义和作用，要宣传规划对改善市民的工作和生活环境，提高物质和文化生活水平的意义和影响。不但对群众要宣传，对各级领导也要宣传，对省级部门也要宣传，上上下下都要宣传，力争做到家喻户晓

深入人心，使按规划办事成为群众的自觉行动。规划工作在国外是很重视的，在许多国家，议会讨论城市总体规划的时候，群众都可以进去旁听。城市的每个小区也都有一个规划展览室，有专人讲解，市民都有权提意见，合理的必须吸收。这个国外叫"群众参与"，我们叫"群众路线"。现在中央、国务院对城市规划也很重视，北京市总体规划批准以后，《北京日报》发表社论，《人民日报》发布消息。其他凡是国务院审批的规划，《人民日报》也都发布了消息。最近国务院又批转了建设部《关于重点项目建设中的城市规划和前期工作意见报告》的通知。这个报告内容是万里同志亲自修改的，题目也是他改的。原来题目是"城市规划要配合重点工程搞好前期工作"。万里同志把它倒了倒，题目文字顺序前后一掉头，规划的地位就不一样了，要求搞重点工程前期工作时，必须考虑城市规划方面的要求。昨天上午广播了万里同志在市长学习班上的讲话，

他提出"市长的首要职责是搞好城市建设","城市是两个文明建设的中心,居于领导地位","不很好地抓城市问题,就会影响整个经济、社会的发展","城市规划建设管理是一门科学,全党全国都要重视城市工作"。总之,中央、国务院对城市规划很重视,但下面重视的程度恐怕要比中央差一点了。接着温州要按照近期建设的需要,先急后缓,有计划地进行分区和小区规划。

总体规划仅仅是总的蓝图。像写文章一样,仅仅是个提纲,文章刚刚开始写而不是结束。像龙湾、状元工业区要搞个分区规划。江北的七里、黄华也要有分区规划。还有新建的和旧城改造的小区详细规划,街区的详细规划,广场的详细规划等。分区规划、详细规划的工作量还大得很。杭州总体规划批准以后详细规划也跟不上需要。现在不是在处理违章建筑吗?造成大量违章建筑的原因很多,有领导思想的原因,有群众违法乱纪的情况,其中也有一个原因是详细规划跟不上城市发展需要。所以详细规划要紧紧跟上,绝对不能放松。再一个,为了发展温州工业建设,吸引国家的一些建设项目到温州来,搞好分区规划、小区规划,对争取建设项目也是有利的。有规划跟没有规划大不一样。尤其是搞出工业区规划和模型以后,可以

到省里宣传,省级有关部门、计委、轻工业厅、化工厅、电力局来温州,可以带他们看规划模型。现在省里有许多项目就是不愿往温州摆,这与他们对温州市了解程度不够也有关系,还不知道你温州到底有些什么有利条件什么优势,哪里可以办什么样的工厂,办多大的工厂,所以搞好工业区的规划在当前尤其重要。再一个是在适当的时候开展以温州市为中心,九个县、二十三个建制镇为大小纽带的城镇经济网络、生产力布局和城镇布局的区域性规划。搞好区域性规划可以更好地从区域经济、区域政治文化的角度,研究如何进一步发挥温州中心城市的火车头作用,带动周围城镇各项事业的发展,使各个城镇都能建设成为广大农村经济发展的前进阵地,促进城市和农村的协调发展,促进整个温州市经济文化的繁荣。通过区域规划,反过来还可以检验温州城市总体规划是否完善,还有什么不足。目前这个规划是缺乏区域规划做检验的。对整个国家来讲,区域规划工作都很薄弱,这几年刚刚提上议事日程。这一次国务院转发的《关于重点项目建设中的城市规划和前期工作意见报告》当中提到了几个区域规划:上海经济区规划,山西能源基地规划,东北能源交通规划。两天前,建设部规划局在杭州开了上海经济区的城镇布

局规划工作座谈会，上海经济区的十个市从现在起要开展区域规划工作。

再就是当前温州人民最关心的问题——如何振兴温州经济？西方国家已进入"第四次产业革命"，也有人称为"知识革命"，我们国家搞得好，跳过某些传统的工业发展阶段，采用比较先进的科技成果，直接进入以电子计算机、遗传工程、激光、光导纤维等为标志的新时代，可以缩短跟先进国家的差距，搞得不好，差距也许会拉得更大。而对于温州而言，当前还存在着跟省内和国内其他城市差距的问题。解放初期温州跟常州差不多。工业产值现在常州是三十多亿，人均一万，温州是人均两千多，这个差距拉得多大？按现在情况差距很可能还要拉大。省内，绍兴涤纶厂上去了，宁波大厂一个接一个地上，台州也上去了。所以我们要赶快缩短这个差距，规划当中提到，到本世纪末温州工业产值要从现在8亿5发展到40亿，翻二番二。如何实现这个目标，规划内容是不够具体的，从形态规划空间布局来说也还有一些不大完善，工业区的布局有待加深研究。大家希望金温铁路能赶快上去以改善温州的对外交通条件，现在仍然要积极争取。但我们又要取现实主义的态度，铁路什么时候能上尚不一定，所以对于城市规划来讲，必须分

清铁路修通或未修通这两个阶段。铁路修通以后经济发展条件比较好，铁路没有修通这些年如何办？因为很可能本规划期内大部分时间经济发展不能指望铁路，而必须依靠别的出路，这是我们城市规划内容当中需要进一步充实的一个突出问题。比如发展经济能否发挥港口的优势，发挥传统工业的优势；还有就是工业布点，我们要采取灵活的措施，像龙湾工业区，过去是留给钾肥的，假如钾肥就这十万吨又"非在此不可"，那还是留给它。若钾肥最终规模要到20万、30万吨，龙湾岸线只剩1000米，港口也不够需要，钾肥也可以放到江北去，龙湾这里可以引进其他工业。总而言之，不要吊死在一棵树上，钾肥不来其他来。政策上要开放一些，思想上也要解放一些，发展工业生产路子多开拓一些。工业发展跟城市建设密切相关，工业发展不了，城市建设也上不去，规划也实施不了，还是图上画画墙上挂挂。现在温州问题很多，城市建设欠账很多，社会问题也很多，这都跟工业发展水平有关系，工业发展速度快慢是温州城市建设和规划实施的核心问题，起决定性作用。我建议对于振兴温州经济、发展温州工业生产这个大问题，规划、建设部门和计委、经委、科委大家通力协作，开展温州经济发展战略、城

市发展战略等软科学的研究。这个对建设和发展温州城市也是起关键性作用的。

二、规划科学要向前推进

规划作为一门科学，还应向前推进。我们目前的规划基本上属于形态规划，不仅温州如此，绍兴、杭州其他城市也是一样，基本上停留在形态规划阶段，居住区设哪里，工业区放哪里，道路怎么走，还是这些形态性的规划；只是局部进入了经济地理、社会科学领域。现在国外城市规划已经步入了社会科学范畴，不完全是自然科学。总的方向是从单学科走向多学科，从空想走向现实，这就需要多学科多部门的切实合作。假如我们的规划落后于我国经济、社会发展的状况，不去探索区域经济、区域社会的内在联系，不考虑工业、农业、商业、文化教育等各方面的相互制约、相互促进的因素，经济部门不配合，社会、文化、教育各部门不配合，那么许多都是空谈，或者顾此失彼，使经济、社会、环境不能协调发展，不能使城市建设获取最大效益，不能发挥城市规划对经济、社会发展的推进作用。总之，规划科学要进一步向深度广度发展。

当前全省规划工作带普遍性的问题：一是城市和农村如何协调发展，给城市规划科学提出了新的课题。三中全会以来，农村经济发展很快，农民富起来了，社队工业有了大的发展，城乡流通活跃了，农民要建房子，要学科学文化，要看电影，而当今农村建设很乱，农村工业布局也很乱，造成了土地浪费，环境污染，所以这个城市和农村协调发展的问题严肃地提到了规划工作者的面前。这是一个新形势，好形势。1979年中央《关于加快农业经济发展若干问题的决议》提出来："我们一定要十分注意加强小城镇的建设，逐步用现代工业交通，现代商业服务业，现代教育科学文化卫生事业把它们武装起来，作为改变全国农村面貌的前进阵地"。要实现中央提出来的这个目标，就要研究中心城市、小城镇和农村之间的各种有机联系，以及反映在城镇规划上的种种问题。无论是哪个城市，无论是温州、绍兴、湖州都存在这个问题，就城市论城市不行，就村镇论村镇也不行，这样不能形成一个有机的整体网络，所以要搞好中心城市和附近城镇的网络规划。二是如何加强精神文明建设。精神文明是社会主义的重要特征之一，现在城市规划，对工业、经济的规划比较重视，对精神文明的建设规划往往重视不够。反映在规划上，文化教育设施考虑很少，园林绿地不足，文物保护内容也少。这个问题有历史的原因，我们二三十年来片面强调变消费城市为生产城市，城市的骨头和肉不协调，经济和文化不协调，相形之下文化教育建设显得非常落后。由于现在计划生育人口结构发生变化，老年人、退休离休老干部老工人的比例越来越大，而我们城市普遍是老年人无处可去，家里房子又小只好坐在人行道上。青少年也没有活动场所，图书馆又小又少，博物馆、美术馆、文化馆更加没有。青少年犯罪率高，其中跟文化建设跟不上，没有正当的娱乐场所不无关系。所以现在国外城市规划提出来要通过规划引导城市走向文明减少犯罪。我们是社会主义国家，完全应该可以通过思想建设和文化建设实现高度的精神文明，这也是规划工作者的崇高责任。温州也是一个文化历史古城，自东晋设永嘉郡至今已有1660年历史，过去文化发达，文物古迹众多，经过二十多年，尤其"十年动乱"，文物古迹破坏相当严重。现在要恢复难度很大，但残存的必须修复。如雪山，庙已拆了，只剩下一个小建筑，如仙岩毁了朱自清先生散文《绿》中所赞美的梅雨潭，建了个小水电站，中山公园的中山纪念堂也摇摇欲坠。温州仅有的几个风景区只剩江心屿还好，

将来按规划城市人口要发展到50万，加上独立工业区人口要超过50万，这就跨进了大城市的行列，靠江心一个地方能行吗？要把雁荡山风景区保护好建设好管理好，池上楼、籀园要恢复。近郊区的风景点还需要开辟。文教设施用地要增加，要考虑青少年老年人活动场所。城区不能尽是商店摊贩，要开辟一个文化中心，要与社会主义精神文明的大城市相称。不然，随着人口增长我们文化设施水平不但没有提高反而要继续下降。三是企业技术改造和城市规划密切结合的问题。我们城市规划得很好，但是经济部门技术改造往往不大协调。技术改造管技术改造，规划管规划，往往城区内老厂拆了新厂又办起来。这里有一个旧城区改造方向问题，要使旧城区主要改造成为生活居住用地。有些小厂经济效益很差，能不能改组联合，把它搬到新的工业区去。日本战后那几年是恢复时期，五十年代是工业发展时期，六十年代是经济稳定时期，七十年代就进入大规模的技术改造时期，把城区数百家工厂合并改组成几家、十几家、迁到人工岛去，迁到新的工业团地（我国叫工业小区）去，它的技术改造是与城市规划密切配合的。日本就是以十年为单位，变化很大。我们规划到2000年，还有十几年，十几年应该有很大的变化，

所以思想要解放一点。我们经济发展速度将越来越快，现在是调整时期，调整过后经济速度还要加快。本规划的后十年，我们技术改造规模肯定比现在要更大，所以眼光应该放远一点。应该向日本学习，该迁出去的坚决迁出去，近期主要先迁污染严重的工厂和进行改组合并的工厂，远期应该大规模的搬迁，彻底改造旧城区环境。我们是社会主义国家，制度比日本优越，把工业的技术改造与旧城改造结合进行，把城市的经济社会、环境效益统一起来，应该是可以做到的。即使现在困难很大，但方向必须明确，方向不定的话，十多年后再搬工厂，浪费就更大了。

三、关于温州城市风貌和建筑风格问题

我们的城市东西南北中相貌都差不离，城市面貌很有特色的不多。新建住宅、公共建筑的长相也差不多；屋顶上电梯间都像一只鸡笼吊在顶上，没有大的差别；阳台栏杆都一个样式，要不就是乱七八糟；颜色也都是灰色；温州也一样。胡启立同志视察了乌鲁木齐和喀什回北京，找建设部的人谈，新疆怎么跟汉族地区一个样，新盖的房子怎么也是同样的平屋顶、同样的阳台、同样的花格窗，没有任何维吾尔民族风格？对此提出了严肃的批评。从全省整体上来看，我们希望杭州要有杭州的特色，绍兴有绍兴的特色，温州又有温州的特色。杭州要求西湖四周建筑高度要矮，体量尺度要小，色彩要素雅。绍兴是有名的江南水乡，传统风貌是河网密布，有河无路，一河一路，一河两路，色调是粉墙灰瓦，这是绍兴传统特色；而新建筑怎样办正在研究，他们请南京工学院、同济大学来搞街区规划，探求风貌问题。温州怎么办？温州的建筑色彩是否可以比杭州绍兴丰富一些？因为温州受外来影响较多，人也喜欢打扮，素雅、统一协调都是要的，但温州色彩可以比其他城市丰富一些。具体住宅怎么办，公共建筑怎么办，各方面专家要进行学术研究。

希望规划和搞设计的密切配合，搞整体设计。我们城市面貌差，其中一个原因就是规划和设计相脱离，各搞各的。杭州也没有一个像样的小区。一个小区施工有十八圈围墙，这十八个圈圈里肯定是好多单位设计的，这么个建法，效果怎么好得了？当前住宅设计规模比较大，居住区的面貌尤其值得研究。我们看了全省居住区，好的不多，就数浙江炼油厂的居住区算最好的建筑，也很一般，主要是绿化、建筑小品和住宅是炼油厂设计室一家设计的，整体配

合得好，绿化多，绿化管理很严格。建筑小品也跟上了，河边放一些坐凳搭建了花架。现在大部分居住区，住宅上去了，绿化没有，建筑小品没有。墙上的楼号、门牌字乱涂，大笔一刷，有的刷得很高有的刷得很低，有的蓝色有的红色，各式各样，房子再漂亮，给几个弊脚字一写也就前功尽弃了。希望温州在整体设计方面创造出经验来。规划中提出来的要建设好城市的大门景，这是很好的设想。大门景要搞好整体设计，不能只考虑客运站如何设计，望江路这一条街，应该包括将来的客运站，沿街的公共建筑，沿江栏杆绿化路灯都要统一设计，形成统一的风格。现在玉兰花灯到处开，从北京人民大会堂门口开起，一直开到广州，连杭州白堤上也是玉兰花灯，多煞风景！这并不是我国只有玉兰花灯，而是缺乏设计，在国外现已形成一个新学科，叫"城市设计"，把一个街区作为一个整体来设计，像法国巴黎拉·德方斯街区、莫斯科加里宁大街都是整体设计的。这在国内还是空白，建设部准备组织一次城市设计学习班。城市风貌的另一个问题是建筑小品、广告牌要管起来。尤其商业大街广告杂乱无章，有的招牌书法艺术水平很低，找人随便写写，北京也如此。别小看布告牌、花坛、路灯、栏杆，这些东西虽小，但对城市面貌影响很大，影响了一个城市的精神文明，也反映出城市文化水平的低下。温州的画家很多美术水平很高。我觉得城建部门应该把这个问题管起来，而且是能够管好的。比如对商店招牌立一个法规，规定它必须经过城建部门批准，或者规定必须经过美术公司设计，可先选一条街道作试点。希望温州市研究一下，为全省其他城市创造一点经验，把建筑小品也要管起来。

四、要采取强有力的行政、经济、立法措施来加强城市管理

温州是"文化大革命"的重灾区，城市破坏很严重。城市欠账很多，城市脏乱差，必须加强管理。最近，杭州市委向省委汇报杭州西湖风景区建筑违章情况的时候，王芳同志❶说，杭州现在城市管理还不及江华同志❷在时的水平。江华同志强调一个字，"严"字，他说城市管理一定要"严"。再一个是计划、经济、基本建设，城市建设都要协调。现在城市这方面的管理比较薄弱。国务院《城市规划管理条例》快要颁布了，颁布以后希望根据国务院的条例制定自己的实施细则，做到城市管理有法可依，有章可循。

清华建筑学人文库
胡理琛文集

❶ 原中共浙江省委书记。
❷ 原中共浙江省委书记。

园林建筑设计随笔

浙江风景资源丰富、名胜古迹众多，就是在几经天灾人祸之后，至今仍有400来处自然风景区和名胜古迹可供游览。其中属于国家和省重点保护的有103处，具有相当规模的大风景区有19处。"明珠"西湖名驰中外自不待言，普陀山、雁荡山、莫干山、天台山、仙都等也早已闻名于世。故浙江有"风景之省，文物之邦，旅游之地"的美誉。

近几年，由于政治安定、人民物质文化生活水平提高，旅游事业发展迅猛。如杭州旅游人次成几倍地增长，最近日旅游人次竟达到八万之众。雁荡山虽然交通较为偏远，去年旅游人次也突破了30万，提前达到预测在1985年达到的水平。旅游事业的蓬勃发展，催动了我省风景园林建设前行的步伐。现在从西湖到雁荡，从普陀到仙都，修复名胜，兴建园林的活动处处可见。那些残败凋零的古刹寺观在逐一复原之中，破损了的石崖造像在接受"断肢再植"手术，民族英雄岳飞已请回"阁府"……

不少新风景区正在勘探开发，如桐庐瑶琳仙境、建德灵栖洞、清风洞、云气洞，"千岛之湖"新安江水库在加紧规划建设中，风景园林事业呈现了一派欣欣向荣的景象，展望未来还将日臻昌盛。身为建筑师怎不为祖国建筑文化的复兴而感到万分欣喜！同时，笔者在欣喜之余本能地关注着风景园林建设的步履，希望能接受历史的教训，继续排除"左"的干扰稳步前行，避免在新的发展中出现"建设性"的破坏而造成另一形式的无可挽回的损失。

由于风景园林是"立体的绘画"，是为游览者提供陶冶性情、修身养心之所，其优美的空间环境和景观即为园林价值之所在，因为风景园林的建筑设计需要较高的建筑艺术水平。建议建筑师、园林工程师对园林建筑设计多开展学术探讨，以活跃学术思想繁荣建筑创作。笔者对风景园林的许多领域未作深入钻研，只是为了参与探讨并学习，就近年来工作接触和本人所见所闻，对我

1980年，本人参加了杭州市"文革"之后首次设计竞赛——曲院风荷湛碧楼设计方案竞赛并以高分夺冠，从此比较关注风景园林建设。为提醒有关人员避免造成"建设性"破坏，于1984年撰写该文，论及古建筑的修复，园林建筑的共性和个性、园林建筑与环境的融合，继承和创新等。在1984年浙江省风景园林学会学术年会上作论文交流。1984年在浙江省建设厅局长研究班上以该文内容作演讲。

省园林建筑设计的几个问题交换一些非常粗浅的认识和体会。

一、关于古建筑的修复

（1）修复古建筑是为了保护历史遗存，促进社会精神文明。古建筑是我国风景园林人文景观的重要组成部分。有的还是园林的主体。她们之所以能留存千古，是因为建筑技术非凡，用材经久，更是因为建筑艺术精美；或为名寺、名诗、名人、名画、名木、名碑所系，而得到历代人民百姓的珍爱和保护。因此，古建筑是我国灿烂建筑文化中经过千锤百炼的精华，是极其珍贵的民族遗产。令人痛心的是，史无前例的"文化大革命"给我国建筑文化造成了史无前例的破坏，如素有"海岛佛国"之称的我国四大佛教名山之一普陀山，原来有大小寺庙200多座，洗劫之后只剩下50多座。绍兴禹陵因批判大禹是封建帝王，大禹塑像成了绍兴第一个被揪斗的"当权派"而被抬出来游街斩首。先前毁于天灾人祸的名胜古迹还有许多，如中外闻名的"西湖十景"缺了双峰插云、南屏晚钟、雷峰夕照三景，瑞安仙岩瀑布——梅雨潭历来为温州人民最喜爱的风景游览胜地，"大跃进"

中被断了流改为小水电站……"十年内乱"之后，海内外不仅文人学士，就是一般群众要求修复名胜古迹的呼声都十分强烈，岳王庙复原和灵隐寺、国清寺、天童寺修复开放以来，前去瞻仰或游览的人群长年络绎不绝，灵隐寺的游客经常保持在每日二三万人次，便是这一愿望的反映，同时也是人们对古建修复工作的赞赏。我认为留存的文物古迹之稀少的现状，与我们这样一个有着四千多年历史文明、十亿人口的泱泱大国极不相称。对于一切有历史意义或艺术价值的古建筑文物，都应该尽一切力量有计划地逐步予以修复。这不只是能增加风景旅游场所和旅游收入的那种现实的经济意义，更重要的是能挽救我优秀的民族文化遗产，并用以教育人民，尤其是教育广大青少年热爱民族文化，焕发他们振兴中华的爱国主义热忱，具有建设社会主义现代精神文明的政治意义。

当前，在修复古建筑的同时，也要防止某些人借修复古建筑之名大搞封建迷信活动，滥建庙宇。尤其在山区，近来募捐建庙盛行，修建的庙宇形式又毫无艺术价值可言，不伦不类，这与文物保护的意义是相悖的。对此类活动，我们非但不能赞助，而且还应积极劝阻。

（2）修复古建筑要力求修旧如旧。我国古代建筑虽然同属于中华民族的建筑体系，但由于我国历史悠久，各个建筑产生的历史背景不同，因而各具不同时代的特征和风格，如隋唐的雄健洗练、宋元的秀丽、明清的繁琐精细。倘如不顾历史，七拼八凑搞大杂烩，将大损历史文化价值。此外，不同性质的建筑物应各具不同的型制，不可把陵园修得像私家园林，不可把王府修得像民宅，不可把寺院修成宫殿。还有，不同地区的建筑应表现不同的地方特色，如山岳和平原，浙南与浙北，海岛与大陆，其气候和用材不尽相同，因而群体布置、结构方式、色彩、尺度要有区别，表现出来的风格也应有明显的地域差异。故此，在确定修复方案之前，应该认真调查考证并学习一点必要的历史和建筑史知识。在此基础上，将建筑型制、构件、装饰、色彩、选材、绿化、环境气氛以至小路、供桌、匾额楹联、吊灯、地坪，包括建筑的各个组成部分逐一加以斟酌推敲，工作要细致。非此，难能收到修旧如旧的效果。例如，岳王庙修复时，美院师生对岳飞坐像进行了精心的塑造，从风格到戎装服饰都尽量反映历史的真实。墓前四个陷害岳飞的铁铸跪像秦桧、桧妻王氏、万俟卨和张俊，也保持了以往被千万人唾弃，

锈迹斑驳的模样，其复原是基本成功的，得到了国内外游客的称誉。不足之处是庭院还空空荡荡，缺少苍松翠柏，仍残留着"文革"罪孽的痕迹。再如，江南著名佛寺新昌大佛寺创建于东晋，因殿堂木构件腐朽需要翻修，设计人员唯恐游客仰头瞻望15.6米高的摩崖弥勒大佛太费力，想把梁架抬高，出于好心提出了加高层高的修建方案，可他不懂得逼人仰望高高在上的大佛，恰恰是古代匠人制造宗教神秘气氛的诀窍之一，倘如抬高了层高，进门即拾大佛全貌，那样就像纪念堂了。况且这个一千多年前的造像，匠人已将目长放大到与手掌相等，比例都已考虑了近距离仰视的透视变形，只有仰视才能收到最佳艺术效果。另外，更为常见的是忽视建筑小品的设计和制作。如近几年有的古庙挂起洋式花灯，大佛像前摆放着摩登供桌，楹联匾额的框式像块语录牌，书写题记不请名家而信手涂写，书法艺术质量极其低劣，字序又混乱。杭州超山为一株古梅重新制作的石刻题记"唐梅"二字用自左而右的现代字序，而同一组建筑的其他匾额、题记却全是自右而左的古字序，弄得许多游客常常误读为"梅唐"，茫然不解其意，一旦悟出是字序弄倒就很惋惜。名胜虎跑新修大门上"虎跑"二字，字序也是现代的，有违传

统。还有个别设计人员想在古庙修建中吸收国外现代教堂、庙宇的设计手法创点新，如雁荡山观音洞就曾有人作过这样的尝试。我认为这种尝试不必，因为是修复古迹，只需修复，不必发展创新。

（3）修旧如旧并不排斥对某些有损建筑艺术完整的部件作必要的修整，如雁荡山观音洞天王殿是我国红墙灰瓦的古典庙宇，其山门门洞，不知先前是何人将其改成两根欧洲克林斯柱式顶一个拱券。古建筑夹杂一些不伦不类的构部件或装饰图案，是因为它历尽沧桑几经兴废所难免的，反映了前人缺乏建筑历史知识，现代人在重修时理应比前人要科学一些，像这种欧洲古典柱式就应该去掉，换上我国古典券门和须弥勒脚，以统一建筑的风格；如仍坚守按原样不改，反而不能修旧如旧。

对某些革命文物古迹与对一般的古建筑又稍有不同。革命文物古迹不着重建筑艺术价值，而更着重历史的真实性，因而在修复时以尽量保持原样为好，艺术上不伦不类的东西可以允许存在。

（4）应该千方百计地保护濒于绝迹的古代传统建筑工艺和技术，使老艺匠的技艺有所师承。笔者在天台国清寺见新修"梅亭"，木构八角形，设计别致，造型精美，斗栱也是典型的明清型制，据悉是本县老木匠潘祖贵同志的近作。其

山门外新雕的"七支塔"，形象十分清秀，也出自本地石匠之手。在临海县东湖新修的湖心亭上，还发现一对作栏板用的小石像，造型手法介于抽象与具象之间，形象小巧可爱；另有小石猴栏杆柱头，同样雕工精细，神态逗人。杭州玉皇山顶的一列新制青石栏杆，造型也很优美。这些都是我省老艺匠的杰作。由此可见，传统建筑技艺至今尚未绝迹，老艺匠还有健在，但是名师名匠确已非常稀少，对待他们应该十分珍惜和爱护才是。无论是当今还是将来，古建筑的修复和保护都不可没有传统的工艺和技术，都离不开熟悉传统技艺的工人，很需要为老艺匠多创造献技传艺的条件，凡是古建筑修复工程都应邀请名师参加，使他们的技艺得以充分发挥，并在实践中培养接班人，使濒于绝迹的传统技艺有所师承而不至于到此绝代绝种，不然，将来古建筑只有消亡而难能复生了。

二、关于园林建筑的共性与个性

不论欧洲意大利式园林或古典式园林，还是我国江南私家园林或皇家园林，建筑都是园林风景不可分割的组成部分，都是供人们游赏的艺术实体，都应具备令人赏心悦目的审美功能，这是

她们的共性（或叫统一性）。但是，世上的园林建筑又千姿百态，风格各异。如意大利式园林的建筑多建于山坡，建成层层跌落的台地，前沿配置雕像、花盆之类，山泉沿台地两旁流过；欧洲古典式园林坚守死板的对称，建筑体量庞大，高居于中轴线的起点，建筑统率园林。我国园林建筑则不像欧洲那样追求仪典性的排场，特点是规模小，数量多，内容丰富，组合灵活，讲求自然，"虽由人作，宛如天开"。我国皇家园林和私家园林的趣味又迥然不同，前者富丽，后者素雅。以上是从宏观看她们的共性和个性的，进而还应从微观分析园林建筑的共性和个性，并弄通宏观与微观、共性与个性的对立统一关系。建筑师既要研究园林建筑的共性，又要着重研究本国、本省、本地、本园的个性，使共性寓于个性之中，努力创作出既统一谐调又具浓厚的地方风味、乡土气息、有鲜明个性和特色的园林建筑来。而创作实践中，往往缺乏自觉性，颇多盲目性，其结果是既少共性又缺个性。为克服这类通病，我提出如下设计要点。

1. 注意风格

园林建筑好比轻音乐，总的风格是轻巧活泼。但是大园林与小园林，自然风景园与城市公园，一般休息公园与特种公园（如儿童公园、植物园、动物园、文化公园、烈士陵园），其建筑性格、环境氛围又有很大的差别，设计就要体现不同的建筑性格和环境氛围。在同一个风景区内，各个风景点的建筑不能雷同，要各具特色，各现性格，要创造千姿百态、丰富多彩的园林气氛；但也不能因追求小特色、小个性而破坏大特色、大个性，弄得杂乱无章，缺乏统一格调，在同一个景点的几幢建筑更要强调和谐统一。例如，雁荡山将军洞口部修建的是传统风格的红柱灰瓦楼阁，而不久前洞内又添建了一个完全城市公园型的钢筋混凝土结构平屋顶的商亭，同一个景点相距数米，建了风格悬殊的两幢建筑物，连一般游人见了都感觉惊讶。杭州灵隐寺飞来峰前的场院，现在塞满了商店和汽车，人车喧嚣破坏了仙山胜境那种香烟缭绕庄严肃穆的气氛，被人讽刺为杭州的"城隍庙"，如果规划设计得当，这种破坏完全是可以避免的。再如，拟在隋代古刹国清寺附近修建的一个供日本佛教徒来天台山朝圣用的旅游旅馆，暂不论选址如何，仅就造型而言，原设计与一般县城的旅馆别无二致，且取名为"国清饭店"，就更觉城市型了。如果采用乡土风格的粉墙灰瓦的山庄形式，选用乡土材料，分散建筑体量，并取"五峰山庄"、"渚溪客舍"之类带点山野气息的馆名，或许能给顶礼膜拜的日本信徒们以更多的亲切感和增添访古探幽的情趣，其建筑风格也易与古刹寺院、幽谷山林取得呼应。

对风景园林建筑设计的东搬西抄，风格杂乱，是当前园林建筑设计的突出弊病。究其原因是多方面的，其中之一是对风景园林的特性，对风格的共性与个性、统一性与特殊性的辩证关系较少研究。

2. 选择合宜的体量与尺度

园林建筑的体量取决于所处园林空间和附近建筑物、山、水、树、石的大小和形态，以及建筑物本身在此环境中的地位、园林的风格等，要综合考虑多种因素。比如，同样一个茶室，建在一般小公园里觉得体量合宜，搬到浩瀚的西湖之滨就可能嫌小。杭州北山原有建筑多掩隐于绿林之中，体量都较小，而某单位不听劝阻，硬在这里树起7层（原设计10层）高的新新饭店新楼，建筑高出行道树约一倍多，其体量大大压过周围建筑物，造成了继西泠宾馆之后又一次严重破坏西湖北山宁静秀丽的自然景观，也破坏了从西泠桥望保俶塔那种"风荷平湖映宝塔"的动人画面。对此，过往的中外游人的斥骂声屡有所闻。可是，当时还有人认为10层楼也不算高，片面地要与北山比高低，以为只要矮于北山就算体量不大，而不是综合考虑西湖环境效果。再有，建在树丛中的园林建筑，我认为一般不宜建三四层，只宜建一二层，这是因为乔木一般高度10多米，三四层楼的建筑也是高10多米，容易造成树屋争高的态势而失却绿林掩映的风雅。

在造型中尺度所起的作用与体量相类似，可以说尺度是缩小了的体量，或者说体量是放大了的尺度，尺度既受制于体量，又独立于体量。一般体量大的尺度也偏大，体量小的尺度也偏小。有时为了使较大体量的园林建筑变得活泼轻巧一些，也运用较小的尺度，或把体量分散划小，或增加前后变化层次，或变化轮廓，或采用低层高、细柱子、小线脚，等等。尺度选择还与环境有关，一般大空间尺度要大，小空间尺度要小。室外尺度要大，室内尺度要小；远观尺度要大，近观尺度要小。近年来，宽檐口、厚雨篷盛行，可要注意园林与大马路大广场环境的不同，切忌滥搬滥用。如浙江宾馆新楼和新新饭店新楼地处西湖风景区，周围环境狭小，浙江宾馆新楼设计的厚雨篷，后来改为小柱廊效果较好，而新新饭店新楼的雨篷嫌厚，昂首于小小北山街之上，其势唬人。另外，选择尺度还要因建筑的性质而异：如儿童公园、动物园这些主要供少年儿童玩耍的园林建筑尺度宜小，烈士陵园之类纪念性建筑尺度宜大。当前园林建筑设计中体量和尺度过大较为普遍。诚然正确选择体量和尺度是颇难的，它需要设计人员有良好的美学素养，还需要设计时多多用心。一般说来，宁小勿大、宁低勿高较为主动。

3. 巧妙施彩

建筑用色之丰富是我国建筑艺术的特点之一，为表达不同建筑内容或反映不同阶级的要求，历史上已形成许多成熟的处理手法。如皇家园林建筑常用原色，台基白色或青色。屋身朱红色，檐下施以青绿冷色，屋面是黄色或绿色琉璃瓦，建筑富丽堂皇；江南私家园林建筑一般用中和色调，粉墙灰瓦，栗色门窗，建筑物素雅宁静；两者一朝一野，施彩迥然不同。同时，古代匠师们还能做到室内与室外，单体与群体色调非常调和统一。我国现代园林基本上继承了这一传统的施彩手法并有所发展。但也有施彩不当的，较多见的是该用栗色的却用了朱红色，弄得园林触目惊心。

粉墙灰瓦、栗色门窗的素雅色调本是江南园林建筑的基本色调，但是在某种特定的场合，也可以弃素用艳。如西湖断桥碑亭、平湖秋月、放鹤亭、苏堤春晓休息亭等若干西湖湖滨亭榭施用了朱红色屋身的原色调，这些万绿丛中的几点红，在以素雅为基调的西湖青山秀水的长卷中起到了画龙点睛的作用，色彩运用既大胆又巧妙，可以说是色彩共性与个性辩证统一的典范。

当然，一般情况要用中和色调，力求色彩和谐。在统一中求变化。倘若建筑物打扮得五彩缤纷，不但不会给园林增添美感，可能反而令人眼花缭乱产生恶感。

4. 讲究材料质感

建筑选配材料质感好比人们选配衣料，也要根据场合、体裁、性格。城区多为人工环境，园林建筑饰面质感可以适当细腻一些，自然风景园的建筑，质感宜粗犷一些。在水边的建筑宜细，在山野的宜粗。像雁荡山那样以奇峰怪石为特色的自然风景区，建筑多用毛石、方块石、竹木与环境较协调。如用大理石、面砖则格格不入。一条水磨石条凳摆在温州市的公园可能令人悦目，如摆在雁荡山，将使人感到俗不可耐。因

曲院风荷湛碧楼透视图一

此，在雁荡非但建筑物如此，就连建筑小品、路面都以选用自然材料为好。在建筑物的基本质感与自然风光，与身份、与性格相协调的前提下，局部处理可辅以对比的手法。例如，用粗糙的墙面衬托光亮的大玻璃门窗。

除上所述，共性与个性问题还辩证地存在于园林建筑设计的其他方面，设计时必须因地制宜，因园林制宜，因建筑制宜，灵活处理。

三、关于园林建筑与环境的融合

用以表现风景园林的韵律美，不像画一纸山水画那么容易，面对的是多多需要和谐地融合在一起的物质的实体：山、水、树、石、花草、建筑以至楹联、匾额、文物、虫鸟……有"天开"的，也有"人作"的，其中建筑则完完全全是"人作"。古代匠人素以"虽为人作，宛如天开"作为园林创作的格律，力求建筑顺其自然，融于自然。因此，要达到风景园林美的境界，就有一个建筑与环境融合的问题。融合得好，可以增景；不怎么融合，可能破景。如何才能融合？

1. "相地"是建筑与环境能否融合的首要一环

尽管园林环境千差万别，但"相地"的基本原则是相同的。其一，建设

曲院风荷湛碧楼透视图二

"曲院风荷"设计竞赛揭晓

胡理琛的作品获得一等奖

市土木建筑和园林学会主办的「曲院风荷」八百平的方米茶室及荷塘竞亭榭方案、布局方案设计竞赛，共收到六十二张、二十多张图纸，经过省、市有关专家评选，胡理琛省同志及群众评议，评选出胡理琛等奖。这个设计方案的特点是：造型经巧活泼，设计思想大胆，布局视野开朗，周围群跨环境渗透，庭园景点观协调丰富；水面处理得当，层次高低参差；透实对比，有虚实感。

（张春生）

摘自1980年7月19日《杭州日报》

相地要合乎人意，即满足人们的游赏心理要求。可以俯瞰层峦、田园、城郭、河湖之丽的山脊、山顶和明坡，人们常常选此建亭，如杭州玉皇山建福星观，温州华盖山建大观亭；可赏荷观鱼的水中、湖边，常筑桥、建榭、安亭；面对飞瀑，建观瀑亭；在飞瀑之下，建梅雨亭；在牡丹园中，建"牡丹亭"；在游人需要歇息处，建路亭……其二，要顺乎自然，要起到补充和完善环境构图的作用。比如，在旷野上建一楼台，可以丰富立体空间；在山峰上建亭，能加强高耸挺拔的雄伟感；在山脊曲线下行处，冲破平缓突起一塔，可使山峦顿起精神。杭州宝石山上的保俶塔，它在山脊但不在山顶，而在山脊曲线下行处突起一塔，无论其相地还是塔身造型、尺度，都是顺乎自然的最完美的典范。反之，违背人们心理体验的需求，或不顾自然环境构图需要而乱摆建筑，则建筑不能与环境融合，还可能格格不入。不久前，雁荡山恰恰在灵峰传统的"双乳峰"观景点建了一个厕所，逼使路人不得不拥簇在厕所门口观赏夜景，这是相地不当建屋破景的典型一例。

2. 建筑与环境相协调

建筑本身的形态、大小、层次、虚实、色彩以及庭园布置，要与环境的植物配置、树形、山形、石形、色调配合默契、融为一体。它们相互之间可以均衡调和，也可以变化对比。笔者在曲院风荷湛碧茶楼方案设计中，为了使游人完全置身于荷花丛中尽赏美色，将小茶室拖入湖中，建"月凉人醉舫"。为避免湖面被小茶室隔碎，西面用平桥连接，东面开大口、置"水香亭"、建贴水曲桥，与岸上茶楼合组成一个建筑半虚半实，里外湖面相续的水院。为补偿水面概念上的损失，又挖渠引水穿楼绕墙。为打破岸上建筑与水杉林紧贴的呆板感，在庭院中和茶楼前的适当位置保留了若干棵水杉，有几棵从敞厅的屋面中穿出，如此采取多种手法，使水面、建筑、树林相互渗透融为一体。岸上建筑还以低矮的形象与背景水杉林的高耸挺拔相对比；又以轮廓的水平与树林的连片相谐调。入水建筑本身又以高低、大小、虚实相对比，以重檐、六角小亭、凹凸墙面、曲折游廊的活泼形态与和风摇曳中的翠盖红绡相谐调。

此外，建筑的小品配置也要注意适度得体，切忌画蛇添足。如在满目皆奇山怪石飞瀑游溪的雁山大自然环境中建茶室，有的设计方案也搞起挖池叠石，未免有弄巧成拙、画蛇添足之感了。

园林建筑有时为了形象的完美，可以对自然地形地物作某些小的改动，但是，一般不宜大动干戈。那种"削土建屋"的办法犹如"削足适履"，是不足取的。如国清寺附近拟建旅游旅馆，原设计不是依山就势，而是把山地推平，既花钱又破坏风景。而此种情况在建设实践中屡见不鲜，至今未引起人们的重视。

要使建筑与环境融合至美妙的境地，先决的条件同样是设计者要具备较高的艺术素养，并对环境作深刻的了解，不然是难能达得到对这一境地合规律性的领会的。

四、关于继承与创新

我国传统的园林建筑艺术与绘画、音乐、戏剧等姐妹艺术一样，造型手法既独特又丰富，是西方所无法比拟的。随着现代新技术、新结构、新材料、新功能的发展，在如何继承和如何创新的问题上，引起了种种争论。有人认为建筑国际化是历史发展的必然，主张不留恋传统艺术手法，大胆向国际化看齐，也有人则持不同的意见。我想继承与创新是建筑界一个争鸣不完的特大学术问题。对此各人可以持不同见解。依笔者一孔之见，传统不能不继承，我们要淘汰的只能是阻碍现代化的落后部分。我国古老文化艺术，包括建筑艺术在内，源远流长，她的四千余年的光辉历史说明了她有存在和发展的必然性和连续性。"四人帮"如此摧残和扼杀民族文化，都未能将其杀绝而死后复生，便是我传统艺术生命力强大的明证。在论争要不要继承传统时，首先应弄清什么是我国园林建筑艺术传统？不少同志，包括笔者在内对这个问题的钻研很肤浅，答案若明若暗，这也是常常有人对传统提出种种非议的原因之一。但笔者还不至于贸然将传统抛弃，总觉得在现代化建设中，尤其是目前我国生产力发展水平还相当低下的阶段，许许多多优秀传统仍然有她存在和发展的天地。至于未来高度现代化以后，我觉得仍有许多优秀传统可以继承。

（1）我国园林中的建筑飞檐翘角，形态轻巧多姿，与各种树形都能取得呼应、和谐的效果。园林建筑体量小，群体组合灵活，与环境结合默契。而欧洲的园林建筑，轮廓变化幅度小，体量却很大，群体组合死板，与环境较少渗透，往往要借助墙面上攀绿植物来与周围绿化环境谐调。对比之下，我国园林建筑造型手法显然胜于欧洲。在新结构、新技术、新材料高度发展之后，除特殊例外，我们当然不能用钢筋混凝土去仿制复杂的木构件，但是体量小、轮廓丰富、轻巧多姿、组合灵活与环境

结合默契的优秀传统我看还是可以继承的，因为它们与现代化并无冲突，而且还能借助新结构、新技术、新材料得以发展，可创造出更新更美的形象。伊朗德黑兰亚运会建筑群体不就是用十足的现代新结构、新技术、新材料创造了浓厚的民族风格吗？

（2）叠石，作为抽象艺术形式先于西方抽象雕塑约两千年，可谓现代抽象雕塑之祖。西方艺术易走极端，不是具象得逼真，就是抽象得叫人理解不了；而我叠石艺术却恰到好处，她在像与不像之间，能给人以意犹未尽的韵味，为园林增添无穷的情趣，而且素来为群众所喜爱。叠石的朴实造型、天然质感与自然环境又很融和。凡抽象艺术，一般要求形象简朴，与现代工业的节奏较能合拍。因此，叠石的抽象艺术形式作为一个传统无疑在现代环境是可以继承的。园林除叠石外，还可以搞一些抽象化的雕塑用来点缀和丰富园林环境。花港观鱼的大红鲤鱼雕塑，因为过于逼真，反而令人看了乏味，它远不如三潭印月"十狮石"那种抽象艺术给人以想象的深度而受人欢喜，如果将这鲤鱼塑得抽象一些，色彩也不要过于写实艳丽，可能效果更好。

（3）我国园林有用文学艺术美为风景润色的特殊艺术手法。以诗入画，

以画入园，建筑配有楹联匾额书画题记。使建筑充满诗情画意。如南宋理学家朱熹在雁荡山岩头上题"天开图画"，仅四个大字既给了游人以优美的书法艺术享受，又使游人面对这数不尽的奇峰怪石顿起无限神话般的幻想。西湖孤山的"西湖天下景"，配楹联"水水山山处处明明秀秀，晴晴雨雨时时好好奇奇"，既点出了西湖的奇丽景色，念起来也颇饶风趣……凡此种种文学与建筑的美妙结合不胜枚举。我想，未来世界科学技术的高度发达，不可思议是文学书画艺术的没落，今后新建园林仍然可以请诗人画家书记题辞，多创造点浪漫情趣。像这种诗情画意的优秀传统

与现代化有何矛盾？为什么要抛弃传统，完全走那"必然"的建筑国际化道路呢?

以上是笔者在工作中接触到的自以为对当前来说比较重要的有关园林建筑设计的四个问题，提出来参与共同研讨。

最后，摘引一位英国18世纪宫廷建筑师苏格兰人钱伯斯对我国园林艺术的赞语，作为本文的结语，他说："布置中国式花园的艺术是极其困难的，对于智能平平的人来说几乎是完全办不到的。因为虽然这些规则好像是简单的，自然地合乎人的天性，但它的实践要天才、鉴赏力和经验，要求很强的想象力和对人类心灵的全面的知识。"

清华建筑学人文库 胡理琛文集

关于浙江省旅游规划的建议

一、理清风景名胜区与旅游的关系

需要明确两个概念：第一，毋庸置疑，风景名胜区是旅游的最基本资源，但风景名胜区不是旅游的唯一资源，旅游资源还有许多，如历史文化名城古镇、文物古迹（包括古建筑、古桥梁如浙南廊桥、古村落）、自然保护区、温泉（如泰顺温泉、宁海温泉）、风俗民情（如民俗、民间文化遗存、渔村、如楠溪江体现兄弟情深的望兄亭送弟阁等）、特殊的工程设施（如京杭大运河、大水坝、大海港）、特殊的或有科研价值的地质地貌、珍稀动植物、天文气象、科学基地（如美国休斯敦宇航发射基地、南京紫金山天文台），还有美食购物等。随着人们物质文化生活水平的提高，旅游兴趣日益广泛，旅游区将从观光型扩大到休闲体验型，从单一类型扩大到多种类型，从原始型扩大到文化型……旅游资源是在不断地发展之中

的。第二，旅游是风景名胜区的重要功能，而非唯一功能。风景名胜区除了供旅游之外，还能起到维护生态平衡、提供美术创作和文艺创作（如绘画，拍电影）等方面的作用。我国山水诗鼻祖谢灵运出于我浙江，就是因为他生长在会稽，工作在永嘉如此秀美山水环境之中，激发了他无尽的诗情。风景名胜区也是近代科学研究的场所，还是近代爱国主义教育的大课堂。祖国的山河、祖先的业绩、历史文化、风俗民情都是维系民族团结、凝聚民族自豪感、激励人们奋发图强，进行创造性劳动，缔造不朽功勋的生动教材，多少海外游子、台湾同胞一往情深思念祖国，誓言落叶归根，其感情深处往往离不开祖国山河、家乡的风景名胜。毛昭晰先生举例，"香港青年大陆观光团"看了虎门炮台、三元里平英团遗址改名为"祖国观光团"便是明证。因此，保护、建设和管理好风景名胜区不只是物质文明建设内容，也是精神文明建设的内容。应全

该文系1985年12月笔者参加《浙江省旅游规划》论证会上的发言摘要。述及理清风景名胜区与旅游的关系，浙江省风景名胜资源丰富，开发利用潜力巨大，旅游线比之旅游区的规划意义更大，要严格保护风景资源和景观特色等。

面认识风景名胜区的功能和价值,它不只是可供旅游,产生经济效益,而且可以发挥多种功能,产生社会效益和环境效益,其价值是不可估量的。不可对风景名胜区杀鸡取卵急功近利,"留得青山在,不怕没柴烧"。

二、浙江省风景名胜资源丰富,开发利用条件优越,发展潜力巨大

目前我省国家级风景名胜区4个,西湖、雁荡山、富春江—新安江、普陀山(朱家尖业已被建设部批准加入普陀山风景区)。省级名胜风景区18个,其中天台山、楠溪江、莫干山、仙都、溪口—雪窦山、南雁荡山正争取申报国家级。我省风景区已占省土地面积1.3%,风景区居全国第一(而全国国家级省级占国土面积0.7%),如果加上8个自然保护区,总面积达2700平方公里,占省土面积2.7%,美国是2.03%,日本5.35%,泰国1.74%,我省已基本上达到国际水准。

我省风景类型多样,有单一型,有综合型,具备可组合可选择的条件。山岳型有雁荡山、中雁、南雁、天台山、莫干山、五泄、仙岩、石门洞、南明山;江河型有楠溪江、富春江—新安江;湖泊型有西湖、东钱湖、南北湖、千岛湖;海岛型有普陀、朱家尖、嵊泗列岛;岩溶型有双龙洞、六洞山、瑶琳仙境、灵栖洞;人文宗教型有溪口—雪窦山、大佛寺、普陀山。其中不少风景资源深藏闺阁人未知,如千岛湖尚是个处女地,680平方公里湖面1078个岛屿,植被丰茂,水体清澈。朱家尖,70多平方公里,5大沙滩,2个乌石滩,面对东海,水天一色。楠溪江仍是一处被遗忘的角落,溪水长140多公里,三十六曲七十二变,竹筏漂流可达103公里,溪水清澈透底胜漓江,是华东地区唯一;沿溪漫滩丛林,遍布草地片片,水上白帆点点;还有瀑布奇峰,石桅岩高306米,独峰挺秀,群峰环拱,三面碧溪环绕,景观四面;更有众多古村古寨,耕读文明气息洋溢;楠溪江如同一轴幽而不寂、野而不旷的田园诗般的山水画卷。

开发条件我省与云贵川相比更是优越。浙江地处上海经济区,经济发达,客源充足,尤其上海大城市无风景可去,小小蛇山、区区淀山湖写进了上海经济区规划,说是上海也有山有水。浙江地处我国海岸线中段,海陆空交通便利;亚热带气候,可旅游季节较长。

随着进一步改革开放,国力增强,人们日益富裕,我省风景旅游事业发展潜力巨大。

三、注意旅游线的规划

旅游区规划与旅游线规划相比较，线的规划比之区的规划实际意义更大。旅游区展现了特定区域的旅游资源状况、旅游性质、旅游方式以及旅游容量等，无疑旅游区规划是旅游规划的重要内容。但是，对于具体的旅游者而言，每一次旅游都是通过特定的旅游线路，并从线路上旅游过程和所到的旅游点获得物质和精神的体验和享受，因此，旅游实质上是通过线的方式而进行的，在旅游规划中旅游线的规划尤显重要，宜设计得更加丰富多彩、更加精细一些，这样更具实际指导意义。

四、严格保护风景资源和景观特色

风景资源是旅游的基本资源，景观特色是风景资源的生命。破坏特色，即掐断了赖以生存发展的生命。在风景名胜区内一切旅游设施建设，从规划、选址、设计、施工均需慎之又慎。当前风景区内破坏性建设比比皆是，情况十分堪忧。如雁荡山的灵峰宾馆、灵岩对面刚建的四机部的建筑，南雁山的招待所，建德新安江畔填河建供销社旅店，千岛湖崂山一条街。近来西湖东岸的建筑体量问题引起了国内外众多学者专家的极大关注和议论纷纷，美国波士顿建筑师访问团认为，西湖好就好在市区边上能享受到非市区的自然景观；波兰规划专家萨伦巴院士（50年代曾来浙江指导规划）认为西湖畔的高层建筑伤及西湖的生命；新加坡前第一副总理，我国聘请的沿海开放城市旅游顾问吴庆瑞博士就我国旅馆建设，11月25日向戴念慈副部长提出建议："在杭州、桂林风景名胜区内建高层旅馆破坏了自然景观，政府部门应予以制止决不让步，否则将酿成子孙后代抱怨的大悲剧。

今后新建旅馆选址应离开风景名胜区和历史文化名城中心一定的距离，以保护景观，即便外国投资的旅馆也应该在中国规划部门制定的地段建设，许多风景名胜地段没有必要建设大型复杂的旅馆，可以建中小旅馆、共享会议厅、游泳池等等文化娱乐公用设施。"

谈风景建筑与风景环境（提要）

本文系1986年11月笔者在全省风景名胜区干部学习班上所做的专题讲座提要。

清华建筑学人文库 胡理琛文集

风景名胜区范围之内，一切人工的构筑物体，包括建筑、桥梁、驳坎、道路、路灯、雕塑、标志、小品、题刻、水塔等等，均是风景景观不可分割的组成部分。

风景建筑必须处理好与风景环境的关系，否则将造成许多破坏性的建设。

一、风景建筑配置和建设的指导思想

坚持风景名胜区以自然美为基础，建筑美与自然美相融合，建筑量要少。

顺应"文化复归"这一时代走向，为人们创造重返大自然的美好去处。"文化复归"是社会经济发展过程中，螺旋式上升的一种文化进步现象，现已汇成为一股时代的潮流。它表现在各种文化领域，如服饰、食品、舞蹈、音乐、建筑以至风景环境。

随着城市化的加速，人工制品花色的日益丰富，环境污染的恶化，城市化

了的人们愈加追寻返璞归真，向往回归大自然的生活。风景名胜区正是人们这种追求的理想去处，那里能避开城市的众多弊病，可以得到清新的空气、洁净的水、茂密的森林和宁静的环境。而在农村、在山区、在少数民族聚居的边远地区却相反，由于人口稀少、满目山丘原野，人工制品不多，人们需要感观的刺激，需要丰富的色彩，需要热烈的气氛，但这种文化心理需求和情趣并非时尚的主流。

遵循辩证统一的美学法则。在统一中求变化，在变化中求统一。凡是美的均是辩证的统一体，美的风景建筑与美的风景环境也必定是辩证的统一体。

二、风景环境包括空间环境和社会环境

风景建筑的范畴前已述及。风景环境的范畴包括如下几方面。

1. 空间环境

空间大小——如景区空间、山峰、水面、流瀑、树木的体量。

空间主次——主景区、次景区，景物的主要方面、次要方面。

空间形态——横向、竖向、方的、圆的、湖光山色。

空间构图——主从、对比、协调、均衡、高低、层次、轴线、景廊等等。

2. 社会环境

文化氛围——风景名胜的景观特色，如田园风光、渔港风情、海天佛国、海滨浴场，历史深厚的综合型景观。

建筑传统——浙北水乡，浙南山区、浙中、浙西、滨海，各地建筑传统各具特色。

时代背景——风景区鼎盛时期的时代特征，古建筑的始建年代的时代特征，近代建筑的时代特征，现代建筑的时代特征。

三、风景建筑与风景环境关系处理要则

1. 建筑（包括桥梁等构筑物）

选址——不破坏良好的自然形态，不遮挡景观，弥补自然景观构图的不足，巧用地物（树、石、坡、水），建筑隐露有致，考虑游人摄影留念的可能。

体量——考虑所处空间的主次、大小，与周围山体、树木、峰石、水面，与原有建筑关系搭配得体。

尺度——以人体尺度为主要标准。其次考虑空间环境和原有建筑的尺度关系。

形式——既要符合功能要求，又要与空间环境形态发生构图关系；并考虑建筑的时代背景和与建筑传统风格的呼应和继承。屋顶尽可能坡形，以与山形树形相呼应。巧妙利用地形，多一点绿化渗透。

色彩——要与环境相协调，慎用对比色。

用材与质感——尽可能选用与自然和谐的原始材料，如石、竹、草、土等等。不用贴面砖、磨光大理石、花岗

岩。除非御赐古建筑，一律不用琉璃瓦，避免珠光宝气。不排除局部的现代材料。内外用材可适当区别，但风格要统一。

设施——现代化或现代化设施加某种风格的"包装"。

2. 道路

路面，尤其是游步道，尽可能少用或不用水泥，多用砂石。线形曲直变化有致，以曲为主。路与树的效果关系应是先有树后有路，路穿林而过。

3. 驳岸

力求顺其自然。

4. 路灯

一般宜简洁低矮，灯具各景区自成特色。

5. 雕塑

题材适宜，多一点趣味性、装饰性。形式或具体或抽象或变形，因景制宜。尽可能利用自然石壁雕琢，少用水泥、假石。雕塑可结合水景。

6. 标志、小品

入口标志、标牌、垃圾箱、座椅等要标准化、规范化。字体要简洁统一。从整体环境艺术出发进行标志小品的统一造型设计。

7. 题刻

选点、题材内容、字体要统一规划布局。位置经营、字体选用要精心。用色不宜千篇一律。选用矿物颜料，不用化学颜料，如朱红、石绿、土黄、群青等。

8. 建筑命名

要名副其实，要与风景特色相吻合，力求具有历史文化内涵和文学意境。

在反思中求索

——对我国城市发展基本方针科学性的探讨

首先评价一下我国37年来城市发展成就如何，是大还是小？我的看法是不小也不大。说不小，从纵向看：1985年与1949年相比，设市城市从140个发展到了324个；建制镇从2000个发展到了7511个；城镇总人口从5765万发展到了17546万，占全国人口总数的比重也从10.6%上升到了16.85%。尤其近十年来，由于党的工作重点转移到"四个现代化"建设上来，又由于改革搞活，对外开放，发展商品经济，我国的社会经济发生了举世瞩目的变化，伴随这一变化的城市发展势头也十分喜人，城市化的进程加快了，城乡面貌日新月异，应该肯定成绩不小。但也可以说不大，从横向看：这些成就与37年的历史相比，与优越的社会主义制度相比是令人羞愧的。作为现代社会重要标志的城市化水平，我国还远远低于世界平均水平，还不及世界平均水平的一半（世界城市人口占人口总数的比重为42%），绝大部分人仍然生活在物质文化生活十分落后

的农村。城市本身也处处"挤乱差"，城市发展速度、发展水平与起点同我国类似的国家和地区相比，明显落后，这样的成绩不能说大。反思我国城市发展之所以未能取得理想的成就和走过的几经曲折坎坷不平的道路，许多历史教训值得记取，其中最重要的莫过于国家对城市发展的指导方针这个带战略性方向性问题的失误。在过去的二三十年中，曾出现过"反对贪大求洋"、"先生产后生活"、"变消费城市为生产城市"、"学大庆、搞干打垒"、"山散洞"、"亦工亦农，走'五七'道路"、"上山下乡"等一系列与城市发展相关的"左"的错误指导方针，曾使我国城市发展遭受严重的障碍和不应有的巨大损失，也使国民经济和社会发展受到了抑制。展望未来会怎样呢？毋庸置疑，在党的十一届三中全会以来一系列正确方针指引下，随着经济体制改革、政治体制改革、精神文明建设的不断深入发展，我国的国民经济和社会发展势将更加蓬勃向前，人民的

本文系笔者1986年11月在建设部厅长研究班上宣读的结业论文，主要论述了对当时我国城市发展基本方针科学性的探讨，如关于"控制大城市规模，合理发展中等城市，积极发展小城市"的科学性，如关于"离土不离乡，进城不背井，进厂不进城，进城不住城"的科学性。收集于建设部管理干部学院1987年编印的《城市建设与改革论文选》第一篇。

物质文化生活势将向着本世纪末的小康水平，进而向2049年赶上世界先进水平步步迈进。与其相协调的我国城市也必将加速发展，城市化进程必将加快，大中小各类城镇将大为增多，城市的现代化水平也将大为提高。然而，我们在坚信城市发展这一总趋势的同时，由于以往众多的历史教训，不能不提防某些指导方针的再次失误。从现实情况看，确有若干国家方针政策的决策缺乏充分科学论证的基础。一刀切、一股风、一贯制、一个模式，照抄照套、作茧自缚、画地为牢、画饼充饥的情况屡见不鲜。"凡是上面定的、文件上写的错不了"的思维方式和唯上是听、唯命是从的行为准则仍然盛行。决策者和管理者们包括我本人在内也不习惯于反思，不勤辨析、扬弃和抉择。这种种是封建的超稳定的民族畸形心理反应，正是这种畸形心理铸成了曾遥遥领先的我中华民族数百年来闭关锁国、夜郎自大、因循守旧以至于到了落伍的境地，而今我们要建设社会主义的"四个现代化"，必须尽力挣脱这种封建的超稳定的畸形心理的奴役，要勇于反思、善于辨析、不断扬弃、适时抉择，不断求索祖国繁荣和民族振兴的科学途径。令人鼓舞的是党的十二届六中全会关于社会主义精神文明建设指导方针强调了"必须坚持执行'百花齐放、百家争鸣'的方针"，"实行学术自由、创作自由、讨论自由、批评和反批评自由"，给学术讨论创造了比较宽松的政治环境。

那么我国现行的城市发展方针的科学性怎样呢？它的贯彻执行能否使我国的城市发展纳入科学发展的轨道呢？现行的城市发展基本方针是在1980年10月全国城市规划工作会议上提出，并经国务院正式批准的，内容即"控制大城市规模，合理发展中等城市，积极发展小城市"。其后对"控制大城市规模"解释为"控制大城市人口规模"；之后又增添了"离土不离乡，离乡不背井，进厂不进城，进城不住城"等一些原则或誉为"具有中国特色的城镇发展道路"。根据我工作体会和学习思考，就这条"基本方针"和一些原则，冒昧地提出自己一些粗浅的认识和见解，与从事城市规划建设的同行们共同探讨。

一、关于"控制大城市规模，合理发展中等城市，积极发展小城市"

当时制定这条基本方针的决策理论基础，主要是吸取发达国家城市发展的经验教训，防止因城市规模过大而带来"城市病"的蔓延，并试图在我国建立起生产力分布均衡、布局合理、规模适当的城镇体系。为了城市更健康地发展，本意无疑是好的，然而城市是社会经济文化发展的产物，城市发展是一个涉及社会、经济、文化发展等各个领域的庞大复杂的系统工程，而且是国家这个大系统工程的子系统工程，现代城市发展尤其如此。在这个系统工程中，城市和社会、经济、文化是一个有机的不可分割的整体，它们既相互制约，又相互促进，其中起核心作用的，首推经济发展这个最活跃的因素。只有经济发展了才能带动社会文化和城市的发展；反之，城市发展了也促进经济和社会文化的发展，城市发展与经济发展关系最最密切。众所周知，社会主义的根本任务是发展生产力，只要社会财富越来越多地涌现出来，才能不断地满足人民日益增长的物质和文化需要。城市发展也必须服务于发展生产力这一社会主义的根本任务，要为经济和社会文化的发展创造良好的城市环境。通过城市发展基本方针的贯彻，应能促成城市与社会经济文化发展的良性循环。因而，"基本方针"的制定如果突出以城市环境质量要求作为决策的主要理论基础显然会舍本求末，有失偏颇。

此外，"基本方针"未能体现商品经济社会的城市发展应该遵循商品经济社会城市发展的区域规律性这一重要内涵。有同志强调"基本方针"的贯彻可以使生产力和城镇分布得以均衡合理。其实，古往今来的城市发展都是不均衡的，从世界范围看，经济发达国家城市比较稠密，经济落后国家城市比较稀疏；从国内看，以往经济发达的东北地区城市稠密，经济落后的西北、西南地区城市稀疏；每一个省区范围内也有疏密之别。未来的城市发展也不可能是均衡的。相对均衡的生产力和城镇布局只能产生于自给自足的自然经济的社会。我国要大力发展社会主义的商品经济，而商品经济发展影响到城市发展，在经济因素、人口因素、地理位置因素、资源土地因素和商品经济发展程度等诸多方面都有其区域规律性，如商品经济的发展，生产经营规模要求不断扩大，需要便于社会化专业化分工协作，需要扩大商品交换市场，需要快速的交通电讯联系，需要发达的第三产业，于是工厂企业、交通电讯设施、商店、银行、保险公司、学校、文化科技机构、医院等等都按不同的等级分别涌向大中小城市——这种不同等级不同层次的商品经济必然产生城市规模的不均衡性。商品经济发展，必然造成人口的流动，山区流向平原，农村流向集镇，集镇流向城市，交通闭塞地区流向交通发达地区——这又产生人口分布的不均衡性。商品经济发展，城镇布点必然起变化，城镇逐渐从内陆向江河湖海边聚集，从无交通干线地区向公路、铁路聚集，港口城市随着海轮吨位的加大往下游向海口转移，新兴城市要向资源丰富、土地等各种条件比较优越的地区去开发——这又产生了城市布点的不均衡性。随着商品经济发展不同程度的加速，还必然会带来城市发展的先后疾缓——这体现在城市时空上也带有不均衡性。总之，商品经济社会城市发展的不均衡性带有规律性，这规律性即科学性，科学性即合理性。国家对城市的发展只能顺应商品经济社会城市发展的区域规律性作战略性的引导。只有如此才能求得城市、经济、社会、文化的协调发展和共同繁荣，而违背客观规律去刻意追求城市布局的均衡，对城市和经济社会文化的发展都是有害的，反而起到抑制作用，延缓了发展速度。布局高度密集的东京圈、纽约都市带以至我国长江三角洲城市群正是以其城市的高密度换取了商品经济的高度发展和城市以及经济、社会、文化发展的高速度。刻意追求生产力和城镇布局的均衡，究其底与搞平均主义、吃大锅饭同出一源，均是小生产观念的产儿，已经不合现代社会化大生产之时宜了。这里讲对城市发展的引导

要顺应其自身的区域规律，并不排斥国家计划经济的引导调整作用和国家对"老少边穷"和经济不发达地区的城市发展以支持，但仍要接受客观规律的制约。

"控制大城市规模，合理发展中等城市，积极发展小城市"这条方针在实际贯彻中，确实也遇到不少矛盾和问题。

比如，中共中央在关于经济体制改革的决定中指出："城市是我国经济、政治、科学技术、文化教育的中心，是现代工业和工人阶级集中的地方，在社会主义现代化建设中起着主导作用。"赵紫阳总理1981年在五届四次人大会议的政府工作报告中提出："以大中城市为依托，形成各类经济中心，组织合理的经济网络。"这些对城市地位和作用的阐述符合我国国情，是完全正确的。按此精神，对大城市就不能笼统地提"控制大城市规模"，也不能笼统提"控制大城市的人口规模"。按50万人口以上为大城市的规定划分标准，大城市的情况出入颇大，城市规模不等，性质各异，基础设施水平有别，资源和土地潜力不同，地理位置有优劣，不可一律待之。如杭州、苏州这类我国重点风景旅游城市，为保护景观环境质量和旅游容量，人口规模必须严格控制。有数百万人口的特大城市一般也应该控制人

口规模的过大膨胀，如北京、上海等。讲大城市发展生产不靠增加新企业，扩大城市规模主要靠老企业通过技术改造为内涵来扩大再生产，这也是正确的。但有条件的城市除内涵之外还是可以增添新企业，也可以扩大规模的，如宁波市，现有人口53万，属大城市之列，它有10多公里长的我国最优良的深水海岸线，又位于我国海岸线的中部，水陆交通方便，有近百平方公里可供建设的复地，又地处我国经济最发达地区，如此不可多得的城市条件，就应予积极的发展，可以把它建设成为华东地区重要的工业城市、对外贸易口岸和浙江省的经济中心，为国家经济建设作贡献。它的规划人口到本世纪末将近百万，有可能成为我国发展最快的城市之一。我国其他五六十万人口的大城市都还有不同程度的发展潜力，必要发展的还应发展。尤其在我国当前经济基础十分薄弱，建设资金十分紧缺的条件下，把有限的资金投向有较好的经济技术基础、交通条件、人才条件的大中城市，即使配上城市基础设施费，其投资的经济效益也比那些经济技术基础差、交通条件不好、人才缺乏的小城市要好。大城市能否发展的关键问题是看这个城市的各方面是否具备发展条件，并做到经济建设、环境建设、城市建设同步发展。

对于中等城市，不是合理发展的问题，而是多数要积极发展。我国是大城市多，小城镇多，而中等城市少。如浙江省十三个设市城市中仅温州、嘉兴、湖州三市是中等城市，有八个是小城市。这三个中等城市均二三十万人口，规模不大，都具备较好的经济发展条件，温州有良好的深水岸线，商品经济比较发达，嘉兴、湖州地处杭嘉湖平原，与上海有极密切的经济联系，三个城市人力素质亦佳，如此中等城市都应属于积极发展之列。发展这些城市可以使中心城市的作用和城市在社会主义建设中的主导作用得以更好地发挥。其他八个小城市以及其他地区的重要小城市也要积极发展，逐渐增强它们的经济实力，以达到一定的辐射力和吸引力，起到地区性经济中心城市的作用，将来有条件还可进一步发展成为中等城市，以完善不同层次的结构合理的城镇体系和经济网络。

对于小城市（镇），我们这个占世界人口四分之一的大国，到本世纪末城镇人口比重如达到三分之一，则近四亿人，再远期如达到60%，则七亿多人，这比美国加苏联加日本的人口总和还多，如此大量的城镇人口，需要大量的城市给以容纳。因此小城市要积极发展是不言而喻的。小城市作为我国农村发展的前进基地，也需要积极加强物质文明和精神文明建设，以更大的动力带动城乡经济社会文化的发展和繁荣。近年来，在一些商品经济发达地区，已经出现了小城市大发展的势头，如温州的柳市、白象、桥头、金乡、龙港等城镇一派生机勃勃的景象。白象镇两户"农民"建了五六层楼住宅，还安装了电梯，开创了我国"农居"安装电梯的先例。龙港镇两年多以前还是一片滩涂，如今已经建成纵横27条街衢，近百万平方米建筑，住宅、工厂、商店、银行、小学、中学、影剧院、旱冰场、医院、电讯设施、码头、海上航线（通往上海、广州、南京、武汉）、自来水厂等生产生活建筑门类比较齐全的新兴城市。这是基本上完全由"农民"自己投资，在极短时间里兴建起来的城市。但是龙港镇发展的道路是不平坦的，县镇领导受到过不少非难，国家在经济上、政策上给的支持很少，户口、土地、人才、教育、资金、物资都缺乏扶植。从这里看出一个小城市"积极发展"的方针与政策脱节的问题。从目前国家经济发展水平看，要国家给小城市的发展以有力的经济支持和政策扶植有不少困难，若是国家拿不出积极发展小城市的有力措施和政策，"积极"的方针便容易落空。从目前看来，在相当长的时期内，小城市的发展只能主要依靠自身的能力，发展速度只能依赖于当地商品经济发展的水平。

至于"城市病"，在我国现阶段，不是大城市有，中小城市没有的问题，而是大中小城市都有，都害有不同程度的"城市病"。大城市住房紧张，中小城市同样紧张，甚至条件更差。大城市供水困难，许多小城市至今尚未吃上自来水或者普及率很低。大城市道路市政设施跟不上，中小城市也不见得好。大城市用地紧张，中小城市用地同样困难。大城市环境污染，不少中小城市污水横溢，垃圾满街，污染更甚。其他商业服务、文化教育、医疗体育条件，中小城市都比大城市差。一般只有市内交通，中小城市优于大城市。医治这些"城市病"也绝不是中小城市容易，大城市难。如果以同等质量的人均水平要求，则中小城市的"城市病"更难医治，花费的资金也比大城市多得多，耗地也大得多。使发达国家城市产生离心力的所谓"城市病"，有许多是基于更高层次环境质量要求的产物，有些在他们看来是"病"，而在我国看来不仅不算"病"，而且正是孜孜以求的小康水平。如城市住房，东京人均居住面积10.66平方米，觉得紧张，而我国城市还在解决有无问题，10平方米就是追求的远期目标了，所以并不完全符合我国当前国情。大城市的人不愿调去中等城市，中等城市的人不愿调去小城市，便是我国人民群众现时对环境质量认识观念的说明。当然，未来的"城市病"有可能超前加以预防的，也完全应该努力。

综上所述，城市发展是一项庞大的要用整体有序、动态相关的办法来加以实施的系统工程，我们应该用系统的观念、商品经济的观念、大生产的观念、求实的观念对已经执行多年的"控制大城市规模，合理发展中等城市，积极发展小城市"这一城市发展基本方针加以认真的反思、辨析和扬弃，并在充分的科学论证的基础上修订出更能反映客观规律和我国国情，能科学地指导我国城市发展的新方针。鉴于城市发展问题的复杂性和我国地域的差异性，建议方针定的原则一些、概括一些，以我愚见，比如"积极推进城市化，建立一个城市、经济、社会协调发展的科学合理的城镇体系"。我这个描述不成熟，仅表示一个意向供商榷。

二、关于"离土不离乡，离乡不背井，进厂不进城，进城不住城"

费孝通同志1983年考察苏南时曾经以满腔热情赞扬了苏南农民冲破千百年来传统的自然经济束缚，走上了兼职致富的道路，称颂苏南农民"开创了在流动中改变人口不合理分布的新路：一部分劳动人口从农村向小集镇汇集，被称为'离土不离乡'；另一部分劳动力以有组织地定期从本乡外出，被称为'离乡不背井'"。同时提出"'离土不离乡'、'离乡不背井'两种方式能否作为解决我国人口问题的两条具体途径？"（摘自费孝通《小城镇、再探索》）。当时费孝通同志的赞颂和提出问题无疑是历史性的高明之见。但是，请注意，他所述走这两条路的农民是兼职的农民。此后，"离土不离乡"、"离乡不背井"在国家一些文件、领导人的报告和学术论文中被作为一条建设的原则，甚至作为"具有中国特色的城镇发展道路"来引用。这样把适用范围就无限扩大了。后来又加进"进厂不进城，进城不住城"。这些原则究竟能否通用？能否定论为"具有中国特色的城镇发展道路？"我认为需要审慎地反思，不宜贸然认定。从三年来某些农村经济和农民生产生活发展实践来看，有的已经越出了上述轨道。例如前已述及的位于浙江鳌江海口的苍南县龙港镇，是"农民"投资2亿元（国家出资才一千多万元）兴建的一个已经可容纳

清华建筑学人文库
胡理琛文集

2万多人口的新城市。这些"农民"是基本上完全脱离农业生产不再兼职的农民，他们既离土又离乡，有的从外县迁来，既离乡又背井。这个现实发人深省。带领开发龙港镇的镇委书记陈定模等同志的想法和作为更给人以深刻的启迪。从那里我了解到，富裕起来的"农民"已经不再满足于散沙般地从事小本经营，他们要扩大经营规模，有的个体工厂工人规模已过百，他们要进城办厂，进城开店，他们需要经济技术协作，要求交通便捷，要求安装电话。富裕起来的"农民"已经不再安居于那寥寥百十户人家的落后小山村，他们有了钱需要消费，需要自来水，需要文化娱乐，需要体育运动，需要商场菜场；他们的子女需要上好一点的小学中学，他们的小宝贝需要上幼儿园托儿所。长期离乡在外经商做工的，希望为留在家里的家属子女找一个物质文化生活条件比较优越的城市环境，作为安家之地；他们本人在外奔波数月半载，回到家里也好享受一番城市的物质精神文明。那位书记深刻体察到了"农民"这些新要求。他还从国家整体效益出发，考虑到那些星罗棋布的个体小工厂多半技术落后，如不集中管理，将给农村带来严重的环境污染；他想到那些脱离农业生产的占农村人口60%以上的"农民"在乡

村建房，每户二三层的住宅就要占去200平方米土地，而集中到城镇建设，每户只需40余平方米，在那人均只有2~4分地的苍南县，他深深懂得节约良田是何等重要。出于农村经济、社会、环境的综合考虑，龙港镇政府根据县委的决定，于1984年挂出了"欢迎农民进城办公室"的牌子，顿时群情沸腾，头半个月就有两千户"农民"申请投资落户，一个新龙港镇就是这样的在邻近几个县"农民"踊跃投资和热情支持下诞生了。这一生动事例说明了在我国人多地少地区的农民"兼职"仅是过渡的形式，最终是要完全脱离农业。富裕起来的农民还是要离乡，离了乡的也可以背井。这一生动事例还说明了，"静"是自然经济的本性，"动"是商品经济的特征。既然要大力发展商品经济，就不能不动。强调不动或少动是有碍商品经济和城镇发展的。龙港的"农民"终于走出了一条顺应商品经济社会城市发展区域规律性的新路子。这条路不仅满足了"农民"发展生产、改善生活环境的愿望，而且为加强农村的物质文明和精神文明建设，逐步缩小城乡差别打开了宽阔的通道，对贯彻"节约土地，保护好环境"这两项国策也有重要的意义。至于"进厂不进城，进城不住城"也不为富裕了的"农民"所欢迎，也看

不出什么经济效益、社会效益和环境效益。

从"离土不离乡、离乡不背井"我还联想到老区脱贫致富这个党和国家十分关怀的大问题。老区人民为我国革命作出重大贡献和牺牲，国家理应帮助早日脱贫致富。目前解决的办法注重于解决交通，这固然是一条重要途径；我认为老区情况各异，在有资源可开发的地区，打通交通可能致富，而在无资源可开发地区或资源不能开发的地区，如某些林区，一旦解决了交通反倒招致山林破坏，加剧我国已经严重失去平衡的生态环境进一步恶化。而一般这些老区风景资源较好，我想一则要引导发展风景旅游事业，二则应把部分交通开发资金转移到引导多余的劳力出山去兴办工业或其他生产事业，使这部分人离土离乡下山出乡不再靠山吃山，国家要有计划有步骤地实施移民政策。这样做一举两得，一可以使老区人民脱贫致富，二可以使山林得以保护。若一律用"离土不离乡"去指导，于民无利，于国有害。

总之，解决我国剩余农业劳动力的出路应按不同地区、不同情况、不同时期，从实际出发，区别对待，不要僵死在"离土不离乡，离乡不背井，进厂不进城，进城不住城"一条路上。应该摒弃残留于我们头脑中的许多陈腐的观念，树立起现代的新观念，要用为人服务的观念，去理解富裕起来的"农民"向往现代物质文化生活的愿望，要用商品经济的观念去研究农村经济发展的客观要求，要用系统的观念去科学指导村镇的社会、经济、文化的综合建设。至于所说人们向往的不是城市的热热闹闹，而是乡村的优美环境，那是数十年以后的事，当前不可超越历史阶段来处理现实问题。那"中国特色"是邓小平同志指把马克思主义普遍真理同我国的具体实际结合起来建设社会主义，目标是"四个现代化"，因而不能拿来轻易加用，免得沦为保守落后的辩护词。

更新观念　科学领导

——关于浙江省旅游发展规划纲要的探讨

清华建筑学人文库

胡理琛文集

该文系1986年12月本人在《浙江省旅游发展纲要》讨论会上的发言摘要，主要述及要树立五个观念：战略的观念、系统的观念、综合的观念、创新的观念和求实的观念。

我认为党的十一届三中全会以来，我省风景旅游事业发展很快，成绩很大，展望未来，充满信心。当然存在的问题也很多，任务十分艰巨。为了今后更快更好地发展我省风景旅游事业，应该对以往的工作情况有个清醒的实事求是的认识，找到症结所在，才能继续前进。现在已到了对以往工作进行反思总结的时候了，尤其是在迎接旅游大发展的到来和完成2000年的宏伟规划的前期更应如此。我个人认为今后风景旅游事业发展应着重考虑抓规划、建设和管理如何纳入科学轨道等诸问题，只有科学才能真正求得健康的发展，才能求得高效益高速度。就是要着重科学管理，要科学管理首先的是思想观念的更新，只有树立科学的观念才能有科学的行为，才能有科学的规划、建设和管理。否则是低效益低速度。当前主要应重视进一步树立五个观念，即战略的观念、系统的观念、综合的观念、创新的观念和求实的观念。

一、要树立战略的观念

工作接触中有时遇到一些领导同志对发展风景旅游事业有反感，认为它赚不了钱，不如搞工业，因此热情不足，支持不力。但有关资料预测，国际旅游业将从目前某些国家的经济支柱产业、个别国家的最大产业（如西班牙、瑞士、墨西哥、奥地利等），发展到21世纪的世界最大产业。对此我们不能不考虑我国旅游业发展所面对的国际挑战。对内，至本世纪末我国要达到小康水平，人均国民收入达800美元，我们浙江属发达地区，人均可能是800美元的2~3倍，现日本人均3000多美元，那时的浙江快要接近日本现在2/3的水平。可以想象，到那时，真正实现小康水平目标，浙江省和全国旅游都将会有极大的发展。这十年我省风景旅游发展的无数事实也说明，旅游业发展速度之快出人意料，其社会、环境、经济效益之好也出人意料，我们应该从战略上认识旅游业发展所带来的巨大的社会环境和经济效益，并且从战略上树立起信心。鉴于浙江有着丰富的旅游资源，又是处于经济发达地区，我省的风景旅游事业只要扎实地工作，一定能够赶上以至超过江苏。

工作接触中再一个问题，是杀鸡取卵，急功近利，即在发展旅游的同时忽视了对风景资源的保护，尤其是对风景特色的保护。如在靠近西湖边建高层楼群严重破坏了西湖的秀丽风光，遭到国内外许多专家、有识之士（如巴黎市长、波兰科学院院士萨伦巴、新加坡原副总理、我国旅游顾问吴庆瑞、意大利总工会书记等）的激烈抨击。其他许多风景区也有乱建宾馆饭店的现象，雁荡山、南雁荡山、建德、普陀山等地都有，他们不按规划建，或者没有规划乱建。有的同志没有深刻理解风景名胜是旅游的最基本的资源（当然不是唯一资源），不懂得"留得青山在，不怕没柴烧"，"留得风景在，不怕没人来"。追求经济效益应把近期、远期结合起来，着重于长远的效益，不然由于建设旅游设施破坏了风景资源，破坏了风景特色而获得的经济效益是不会持久的，很可能我们会在邻省风景旅游发展的挑战下败下阵来。如江苏扬州文化历史名城就保护得很好，苏州以开发新区来保护古城，他们对保护景观资源比较注意，因而他们的旅游效益将是持久的。未来面临的风景旅游发展竞争对手将越来越多。决定竞争胜败的因素固然很多，主要的并起长远作用的因素是资源的优劣，资源的优劣又决定于风景是否具有特色，是否有魅力。目前我省风景资源居全国之首，有4个国家级的（西湖、普陀、雁荡、富春江—新安江—千岛湖）和18个省级的，其中申报第二批国家级的7个（天台山、楠溪江、嵊泗列岛、南雁荡山、仙都、溪口、莫干山），如加上明年评出市县级风景名胜区，再补充若干个省级风景区，则我省的风景名胜区体系将更加完善。兄弟省也都在发掘风景旅游资源，都在奋发向前。我们应从战略的高度重视未来的工作。我省有许多优质风景资源未有效地利用，如浙南、浙西南、舟山群岛，一旦交通改善，风景区和旅游建设同步跟上，我省的旅游将有大的发展。

还有临时抱佛脚，如当年计划、当年设计、当年施工，这三个"当年"使得我们的风景旅游建设的选址、设计和施工都不能达到理想的水平。这些建设既影响了风景，又降低了建设质量。建议各风景区今后要抓紧总体规划工作，有条件还要搞专项规划和景点设计，为建设创造前期条件。建筑设计要提前一年、二年，甚至三年。总之从战略上要早做安排。如嵊泗列岛、楠溪江等新兴风景区，还是一张白纸，可以画最新最美的图画，更应重视这方面的工作。风景区的一切建设都是艺术品，如果精心设计来不及，可以用竹木、树皮、稻草搭建临时性建筑作为暂时过渡。全省旅游规划主要任务也是作战略安排，如对浙南浙西南风景资源的利用，要根据民航的开通早作打算。根据我国旅游发展的趋势，还应从战略上认识海岛、溪流风景资源的开发价值，如嵊泗列岛、朱家尖、岱山的"三S"（太阳sun、沙sand、运动sport），随着历史的推移将会焕发特殊魅力，楠溪江山水之秀美，古村落之古朴，属华东地区所少见，目前还是处女地。山岳风景区为保护魅力更要提高质量。

二、要树立系统的观念

风景区和城市的规划建设管理和旅游事业的规划建设管理都是系统工程。这些系统工程要用整体有序、动态相关的办法去解决问题。风景区、城市、旅游，都关系到园林、建筑、环境、地质、地理、气象、美学、历史、文物、旅游、经济、管理等方面，只是侧重不同。三者在某些领域发生直接的联系，在某些领域发生间接的联系。风景区、城市与旅游相互依存、相互促进，尤其风景区与旅游更是如此。

所以在规划风景区时应考虑旅游各个方面的要求，如旅游方式、旅游线路、逗留时间、旅游设施规模和布局、内外交通等等。现全省22个风景区（加朱家尖）大多数规划有的已经完成，有的正在进行，这为全省旅游规划提供了依据。反过来，旅游规划也应该为风景区的建设发展作出具体的规划安排。风景区与旅游相互依存相互促进是不可分割的整体，但性质、任务、作用是有所区别的，风景区管理基本是事业性质的，是人类高尚的文化事业，不是产业，本身不赚钱。而旅游既是物质文明、精神文明的事业，又是产业（第三产业），能赚钱。政府如果不考虑风景区建设资金，只安排旅游设施资金，这是"既叫马儿跑又叫马儿不吃草"，最终要阻碍旅游的发展，希望在规划中开辟一条风景区建设的固定资金渠道。

三、要树立综合的观念

由于行业分割的不合理体制，风景区管理中不同程度存在着各自为政的混乱现象。许多建设不考虑或很少考虑社会、环境、经济的效益的统一——建设不服从规划，选址不管风景环境，设计不讲景观艺术。今后要强化风景区的规划管理，任何建设都应服从规划，必须同时考虑三大效益的统一，同时考虑园林绿化、基础设施配套，同时考虑历史文化、文化艺术价值，同时考虑经济效益和管理方便等。风景区的建设还要改变以往建设部门定了算的单打一的办法，有的建设项目要有关部门、有关单位合作共同会审、共同议决，如建设规划方案的讨论，应请规划、园林、旅游、文物、环保、交通等部门共同参与共同协商。

四、要树立创新的观念

风景园林和旅游事业是发展中的事业，随经济、社会、文化的发展而发展。但当前建筑设计、绿化、旅游方式等往往一个模式、一个样子、一股热、一阵风，总之是个"一"字。这反映了我民族的超稳定畸形心理，什么都求稳，求省时省事，不求有功但求无过，许多事情都害在这"一"字上。表现在园林建筑设计上一个模式，不考虑特色、特殊的环境，照搬照抄，这是建筑文化艺术的僵化。我要大声疾呼提倡创新，当然，创新是在中国大地上的创新，是在中国建筑文化基础上的创新，就是"中而新"，但也不排斥"西而新"，因为有用的外国文化可以引进。而决不能"中而旧"，古建筑古风貌复原特殊情况例外。如果不创新，那些用现代材料生硬建造的假古董将成为后人的笑料。

从保护文物的角度我还主张一些非文保单位，如果古建筑就地保护有困难，被拆除毁坏不如利用古建筑移植拼凑，改建成为具有新功能的风景旅游建筑。有的古村寨、古建筑可以保护外貌改造室内，建设既具有地方风貌特色，又有现代设施的旅游旅馆，把古建筑的保护和改造利用结合起来，如楠溪江的坦下村，希望迈出这创新的一步。帐篷旅游方式很受青年人欢迎，许多风景区存在淡旺季矛盾，可以在旺季利用帐篷解决这个矛盾，但要防止污染环境。规划中提倡特色旅游我很赞成。浙南浙西南风情民俗很有特色，比浙北要鲜明，如楠溪江风情应加以开发利用。

五、要树立求实的观念

求实就是实事求是从实际出发。一方面风景旅游发展要根据现实和可能有步骤有计划地进行。二是要扎扎实实搞调查研究，只要真正把情况弄清楚了才能进取，才难创新，调查研究是与创新联系在一起的。需要调查的内容很多，如调查国内外先进的风景园林建设经验，调查国内外不同时期不同阶层的不同旅游心理，调查旅游发展趋势，调查本地区潜在的风景旅游资源等。三是加强科学研究，探求风景旅游事业发展的客观规律，不断以科研成果武装风景旅游事业，冲破单纯的经验管理，实现科学管理，推动风景旅游事业的发展。我省有关风景旅游的科研课题太少，据我所知，只有去年科委批准列为省重点科研项目，我厅的《浙江省风景资源开发可行性调研》一题，但工作进展很慢，落后于事业发展的需要。希望利用杭大、浙大、商学院、美院、规划院、建筑学会、园林学会、旅游学会的力量，把我省有关科研人员动员起来，开展风景旅游方面课题的研究，为发展风景旅游事业服务。

对宁波市城乡建设工作的建议

一、要重视战略观念

宁波是全国闻名的14个对外开放的港口城市之一，也是我国62个历史文化名城之一，是我省第二大城市，目前人口包括镇海、北仑已达40万人，不久将跨入大城市的行列。

宁波市的城市规划和建设近年来得到中央、国务院领导的高度重视，按规定百万人口以下的城市总体规划属省政府审批，而宁波市得到优待上升为国务院审批。现在宁波市总体规划已于去年11月10日获正式批准实施。

国务院在批复中肯定："宁波是国家'七五'期间重点开发的地区之一，是我国的重要港口城市，是华东地区和浙江省重要的工业城市。"国家在"七五"计划中对宁波的固定资产已经作了重点安排，包括北仑钢厂投资近百亿元，占全省投资近四分之一。"八五"、"九五"计划还将得到更大投资。由于宁波优越的地位和中央、国务院的重视，发展速度不仅列浙江之首，也列14个对外开放港口城市之首。今后14年，将是宁波市经济空前繁荣的年代。同时由于中心城市的辐射作用，今后14年，也将是宁波所属六市县经济空前繁荣的年代。由此，我们不能不考虑到这将给宁波市的城乡建设工作提出的严重挑战。城乡建设如何适应和服务于这一新形势？同时这也是宁波市经济、社会、文化、城乡建设空气繁荣的良好机遇。因而首先战略上要对发展形势作出充分认识和估计，做好充分的思想准备，以利于为达到宏伟目标而奋发进取。

二、要重视科学观念

由于今后14年是宁波市大发展时期，城乡面貌将会起到历史性的变化。如何使这个变化达到最佳效益？

该文为1987年本人参加宁波市城乡建设工作会议上的讲话摘要。主要述及宁波市城乡建设工作要重视战略观念、科学观念、生态观念。

我们常说一靠政策二靠科学。正确的政策从广义上讲也是科学，是软科学。所以，总之要靠科学、靠科学管理，即把城乡规划、建设和管理纳入科学的轨道。科学能保证正确航向，科学能出效益。

（1）城乡规划工作严格按规划进行建设。规划是对建设的各个方面作综合的科学安排，实行宏观控制。规划本身是城乡建设的一门最重要的科学，是龙头，是建设的依据。规划包括城镇总体规划、风景区总体规划，向宏观延伸还有省市域、县域城镇体系规划，向微观延伸，还有专项规划、分区规划、详细规划、乡村规划、城市设计、风景区详细规划和景点设计等等。当前宁波市规划任务十分繁重，除抓紧城乡规划工作之外，还希望重视溪口—雪窦山、东钱湖风景区总体规划。

（2）要进行宁波市自身的城市科学研究。城市发展是一项庞大复杂的系统工程，涉及经济、社会、文化、城市建设各个领域，涉及物质文明和精神文明，要从发展的整体有序、与动态相关的方面进行研究。

三、要重视生态观念

宁波市城市人均公共绿地才0.4平方米，低于全省人均2.1平方米的水平，而且是全省倒数第一。不仅如此，还是全国324个设市城市中倒数第一。这与宁波市的重要地位极不相称。目前全国城市公共绿地是2.5平方米，本世纪末要求达到7～11平方米。如按人均3平方米计算，宁波市1990年前要建设公共绿地1560亩，任务十分艰巨。据有关资料，提供一个人所需氧气大约需要10平方米的树林或40平方米的草地来平衡，所以发达国家城市和公共绿地很多，美国、荷兰人均30平方米，苏联人均18平方米，英国人均14平方米，西德人均32.6平方米，新加坡也有人均7平方米。所以，我们要树立生态观念，加紧绿地建设。按国家规定，1990年每个县城至少要有一个公园。公园建设要少建亭台楼阁，多种树种草种花，要以改善城市生态环境为首要目标。

还要重视风景名胜区的保护工作，宁波市域内风景资源相对较少，目前仅有溪口—雪窦山和东钱湖，希望备加珍惜。

他们把历史文化遗存视作民族的象征

——访联邦德国随笔

今年四月底至五月中旬，我随"中国城市管理代表团"访问了柏林（西）和联邦德国。这次访问主要是考察古城保护，走访了柏林（西）、科隆、波恩

等11个历史古城，游览了莱茵河。22天的访问给我留下了极为美好的印象，感受颇深。

柏林（西）和联邦德国的物质文明

1987年4月底至5月中旬，我随中国城市管理代表团访问了柏林（西）和联邦德国，主要考察历史文化名城保护，一路学习观摩，感受颇深，撰文与同行共享收获。原载《园林与名胜》1987年第5期。

波恩剪影

清华建筑学人文库

胡理琛文集

已达到相当现代化的高度，有人可能会推想，如此现代化的国度，城市必定是大厦林立、摩登建筑鳞次栉比，乡村必定是新宇栋栋、街道井然，一派"现代"气息。可是恰恰相反，访问所见的这个现代化的国度，却是那么的古色古香，从飞机上鸟瞰这城乡接连一体的大地，难能发现高楼大厦，除了著名的国际交通枢纽、金融中心法兰克福在新区有高楼群和柏林（西）有少数几幢高楼之外，几乎全国都是以红瓦为主调的陡峭折形坡屋顶的低层多层建筑，保持着浓郁的日耳曼建筑传统风格；古城、小镇和农庄更是保持着古雅的风貌，古老

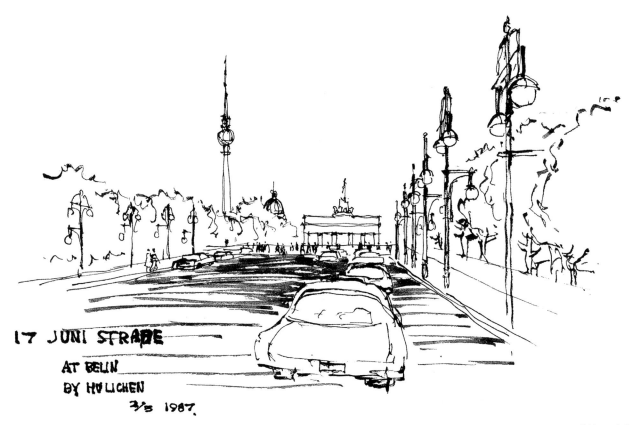

17 JUNI STRABE
AT BELIN
BY HULICHEN
3/5 1987.

柏林6.17大街

的教堂还是那样至高无上，炯炯有神。市长仍然在利用数百年前的市政厅、法庭、宫殿改造而成的市政厅里接见我们。所到的几个城市都保留有中世纪的市场、广场、街巷，有许多被划为步行区，市政厅多设在步行区里，小汽车不能抵达，市长也要弃车步行上班。我们看到波恩、特里尔、累根斯堡、兰茨胡特还将古城区在六七十年代翻建成的柏油马路重新撬开，改回到中世纪的块石路面，古城区的停车场被改为绿地，禁止汽车入城或限制车速。游莱茵河，扑面而来的尽是古朴优雅的城镇和农庄，那点缀于山巅数不清的保存完好的中世纪古堡更令人赏心悦目，仿佛进

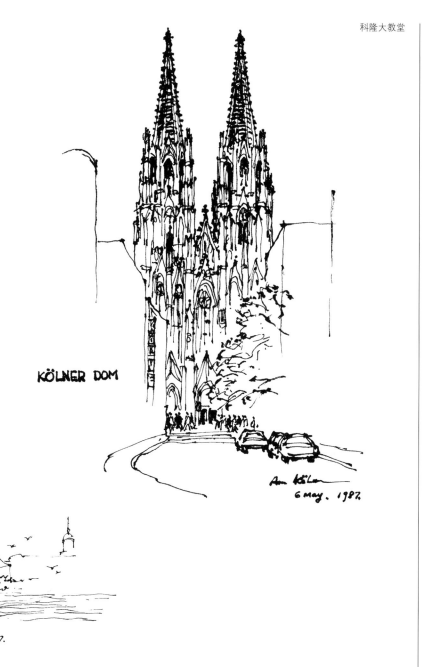

KÖLNER DOM

Am Köln
6 May. 1987.

Am Rhein in Köln
By Hulschan 6 may 1987.

科隆远眺

入了一个童话世界。可要知道，这些古老的教堂、市政厅、城堡、中世纪的住宅、街巷，"二战"后都曾是残垣断壁，是花费了巨大的代价按原貌修复重建的。为了保护好古城风貌，各市政府对于古城区非修不可的新建筑也都有严格要求，力求体现民族传统与古城风貌相协调，一般都通过设计竞赛来实施，取得了很好的效果。联邦德国对于古城保护，在70年代制定的《文物保护法》和《联邦城市建设促进法》中还作了明确的法律规定。

此外，他们各个城市都有许许多多的历史博物馆、美术馆，还有许许多多

MARIN PLATZ
AM MÜNCHEN
BY HU LICHEN
13 MAY 1987

慕尼黑海军广场

SCHLOSSPLATZ
AT STUTTGART
BY HU LI CHEM 18 MAY 1987.

斯图加特宫殿广场

的历史名人的纪念馆、故居，他们虽然不赞成马克思主义，但马克思的故居、马克思求学过的中学，从"二战"前至今，却一直保护甚好，开放供人们参观游览。从这个曾经受过两次战争破坏仍保持古色古香的国度访问归来，给我最强烈的感受是：日耳曼民族有强烈的文化意识，日耳曼民族是一个极为珍视自己光荣历史和文化传统的民族。我从这个高度现代化的国家的现实中，经过理解，得出如下结论：只有尊重自己光荣历史和文化传统的民族才能建设自己美好的未来。我觉得累根斯堡市长在欢迎词中一句耐人寻味的话，或许能说明一些问题："单单从经济和文物保护角度看古城区的功能是不够的，1.6平方公里的古城区仅仅是全市面积的1/50，然而市民的意识是，这个古城区才是累根斯堡的象征。"哦！他们把一切历史文化遗存都视作日耳曼民族和德意志的象征。在他们看来，保护好这些历史文化遗存，具有多种功能。在精神方面，她们会产生一种民族的凝聚力、激发民族的自豪感，进而会使整个民族迸发出将国家推动向前的驱动力。这种力是无形的，但又是巨大的，事实雄辩地证明了这一点。我们中华民族有着更为光辉灿烂

BUG KATZ   ST. GOARSHAUSEN   AUF DEM RHIEN
                                                            BY HO LICHEN

莱茵河畔古城堡

的历史，也有许许多多的历史文化古城和众多的历史文化遗存，正在向"四个现代化"迈进的我们应如何深刻认识历史文化古城和历史文化遗存的价值？如何对待之？如何保护好古城、保护好风景名胜？从联邦德国那里不是可以受到点启发吗？

REGENSBURG
IN DONAU
BY HU LICHEN   14 MAY 1987

累根斯堡古城

古朴风雅　灵巧多姿

——楠溪江建筑风情

清华建筑学人文库

胡理琛文集

1985年去温州永嘉县实地考察省级风景名胜区大若岩，沿途见小楠溪山水之秀美，叹为观止，后又转入干流大楠溪，其秀美更让我激奋，当即提议将大若岩风景名胜区更名为大若岩—楠溪江风景名胜区。后又经过多次更深入的考察，行程累计四五百公里，走了20多个村寨，画了数十幅速写，发现楠溪江不仅水美、岩奇、瀑多、林秀，而且村古，拥有极为丰富的国家级风景资源，再次提议更名为楠溪江风景名胜区，并向国务院申报为国家级风景名胜区。

为将楠溪江建筑风情告知世人，1987年，笔者特撰此文，介绍楠溪江村寨风貌、村寨建筑构成和建筑造型，原载《建筑学报》1987年第5期。同时还邀请清华大学建筑系陈志华教授对楠溪江乡土建筑作更进一步考察。

楠溪江是人们所陌生的名字，它的建筑风情更鲜为人知。为开发新的风景区，我曾几次到过楠溪江，行程四五百公里，跑了二十来个村寨。笔者认为那里有可与漓江媲美的秀水，有与雁荡齐雄的石峰，有与皖南民居赛雅的建筑风情，是发展我国风景旅游事业不可多得的资源。尤其是古朴风雅的建筑风情，可以说是我国建筑遗产中之瑰宝，值得建筑园林界加以深入的发掘和研究。为使楠溪江的美貌早日见于世人，它已被浙江省评定为省重点风景名胜区，并正在申报列入国家重点风景名胜区。北京大学地理系为之编制了总体规划。

楠溪江位于瓯江口，是瓯江最大的支流，出口处正对温州市区。从温州港水路进风景区仅26公里。气候属亚热带，冬无严寒，夏无酷暑。楠溪江处于雁荡山脉与括苍山脉之间，属典型的河谷地貌。上游分大楠溪、小楠溪、合流后称楠溪，干流长145公里，流经20多个乡镇。

在楠溪江景观中渗透着极为丰富的人文景观。有五代、宋代的石窟址，有历代留存的古建筑、古桥梁、古牌楼、古墓葬、古战场。

楠溪江的自然和人文环境给了此间的建筑风情以滋生茂发的沃壤。秀美的山水风光和淳朴的民风民俗是为楠溪江建筑风情润色的和弦。

一、古朴风雅的村寨风貌

楠溪江多数村落都形成一个完整的寨子，其外貌既古朴又风雅，这是楠溪江建筑风情最引人注目的特色。村子有寨墙、寨门，有的甚至两道寨墙，数道寨门，个别的还有护寨河。寨墙、寨河一般兼有抗洪御敌的双重功能。寨墙多用大卵石垒成，与村周围卵石铺砌的道路，卵石斑斑的溪流融成一体，不露雕琢。村寨布局均依自然地形和山势，一般平地寨子轮廓多起伏，山地寨子建筑多层次，融人工美和自然美为一体。

　　例如坦下村，地处大小楠溪江的汇合处。村寨布局于山坡地上，居高临下，风水极佳。其村寨的外貌无论远眺近观都具非凡的艺术魅力。它以建筑于高台上的凉亭和亭下作为主入口的券形门洞为视觉焦点和构图中心，与两旁伸展的寨墙以及几个寨门排列成为错落有致的前沿门景；其后的民宅和穿插其间的树丛形成多层次的中景；衬托着村寨的后山大片葱郁的树林、峻峭峥嵘的山峦作远景，组成了一个远近皆美的立体山寨风光。

　　芙蓉村，是背靠芙蓉峰布局于平地上的大型村寨，纵横约三四百米，有一至二道寨墙、七道寨门。它没有起伏的地形可以利用，它的风貌特征主要是突出显示其富贵的由重檐三楹门楼和八字墙组成的颇气派的溪门（对主入路口的俗称），以及借来村后摩天接云的芙蓉三岩远山胜景，村以景名，村景相映。芙蓉村硕大的规模、完整的规划加上气派的溪门，俨然一个微型城市。

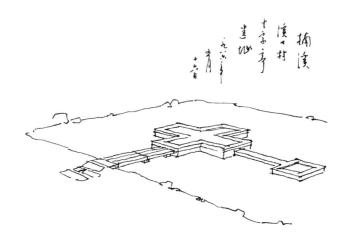

摘溪

溪口村

十字亭

建坝

一九一年

青

十月

还有如苍坡村、东皋村、蓬溪村等，也都是特征显见，个性各异。这些都是融自然美与人工美为一体的环境艺术杰作，其中坦下村的风貌最为动人。

二、独特的村寨建筑构成

楠溪江的村寨，无论是地处富庶的江边抑或贫困的山坳，除了个别的或零散的民居点之外，都有丰富的建筑构成。突出地表现在村村有凉亭，村村有荷池，村村有宗祠和戏台。有的一村一亭，有的一村数亭；有的一村一池，有的一村数池；有的一村一祠一台，有的一村数祠数台。这些亭池祠台均是村寨的公共设施，并非私家享用。这种构成在浙江的其他地区，即使浙南的其他县都难遇到，在全国也属少见。

凉亭是村民们劳动之余纳凉、下棋等活动之地，是地道的多功能公共娱乐社交场所，因而也是村民们最喜爱的去处和最受爱护的公共建筑物。故此，凉亭在楠溪江村寨建筑构成中占有最显要的地位，反映在布局上也往往占据最优越的位置。由于村民的珍爱，一般保护维修较好，留存的历史也长，如宋代始建的望兄亭、送弟阁。

荷池兼有养殖、观赏和消防的功能。数量随村寨的规模多寡不等，多者七八个，少者一个。大小曲直形状无定制，因地制宜。多半荷池与凉亭、宗祠、戏台、庙宇交织在一起，配植花木，造成一组完整的优雅的公共活动环境。

戏台则是村里最高级的文化设施，楠溪江几乎村村有戏台，大小格局相似，只有精巧粗野之别。

三、灵巧多姿的建筑造型

凉亭在村寨布局中起着画龙点睛的作用，形式灵巧多姿，推敲的比例较成熟。据我考察所见，平面有正方形、长方形、凸字形、十字形，附于其他建筑物上的附建形，如附建于土地庙、附建于宗祠、附建于溪门。屋面有单檐、重

檐，有飞檐翘角，平檐平角；楼层有单层、双层；空间有全敞、半敞；地坪有错落、无错落；形式繁多琳琅满目。这些凉亭造型至今仍不失现代园林建筑设计借鉴的价值。

楠溪江的民居，由于气候条件好，盛产木材，故多木石结构，木构暴露，薄墙填充，由于雨水多，出檐大。院墙用卵石或毛石砌筑。由于多筑于山地，布局依山就势，平面、屋面都能随机应变，故具有轻盈、自由、开朗的风貌，体现了自然美和质朴美。它们的风貌有别于浙北平原民居的那种规整、粉墙灰瓦、马头墙，有别于浙西民居较封闭的石墙土墙，也有别于皖南的连院、高墙、小窗，自成一格。

楠溪江建筑风情是我中华民族物质文明和精神文明的一大财富。

希望全国建筑园林界对这些埋没于深山坳里的建筑珍品给予关注。

楠溪江建筑风情作为传统建筑文化，对于社会主义新农村的建设，对建筑文化的发展，均具有启迪和借鉴的作用。

积极稳步发展我省城市雕塑事业的意见

我国雕塑真正从室内走向室外点缀城市刚刚几年，城市雕塑完全是在改革开放中出现的新兴事业，有问题在所难免，因而我们没有任何理由向这个新生儿泼冷水；而是应该满怀热情地爱护她扶植她，认真地总结经验，改进工作，开拓前进，努力缩小与兄弟省市间的差距，迎头赶上国内先进水平。为此，就今后我省城市雕塑工作如何开展谈几点意见。

一、贯彻"积极稳步"的发展方针

具有一定艺术水平的纪念性雕塑和园林雕塑，对于建设社会主义精神文明、美化城市面貌、丰富人民文化生活将起到积极作用。因而城市雕塑事业是城市精神文明建设的重要组成部分，各地城市建设部门和文化部门应当高度重视这一工作，积极推进城市雕塑事业的发展，尤其是省会城市杭州、风景旅游城市、对外开放城市和各省辖市，应该走在全省的前列。同时也希望当代雕塑家以及城市规划师、建筑师、园林设计师，作为我国城市雕塑事业的共同开创者，责无旁贷地协助政府搞好城市雕塑的规划和设计，尽我们的全力为城市人民创作具有我们时代精神，经得起历史考验的第一批优秀的雕塑作品，并流传给子孙后代。同时也应该认识到包括雕塑在内的城市文化建设是一个长期任务，不可能在几年十几年内完成。世界许多历史文化名城，如巴黎、罗马，数以万计的雕塑是经过几个世纪逐渐积累起来的。我们只能根据目前的财力、物力和人力的可能，量力而行。在作一个城市的雕塑规划时要有重点，有先有后分期分批地进行，不要贪多、贪大、贪快，要讲求社会效益、环境效益。首先要保证艺术质量，绝不给低劣的作品放行，宁缺毋滥，做到积极稳步地开展这项工作。

本文为1987年9月笔者在浙江省城市雕塑规划委员会成立大会上的讲话摘要。主要述及我国雕塑从室内走向室外成为城市雕塑这一新兴事业，该如何爱护她扶持她。原载《浙江美术界》1987年第4期。

二、坚持"百花齐放、百家争鸣"，提高城市雕塑艺术创作水平

几年来我省城市雕塑艺术创作可以说是历史上最活跃的时期，但是与兄弟省市相比还显得落后，普遍存在着题材内容狭窄，艺术风格单调，与城市环境不相协调，应用材料单一等弊病。今后在这些方面，应通过"百花齐放、百家争鸣"，激发作者的创作思想，进一步提高创作艺术水平。

城市雕塑题材、内容的选择，要注意一个城市的历史情况和具体环境的规划，要考虑每个城市的特点，城市雕塑基本上可以分为两大类：一类是纪念性雕塑，另一类是园林、建筑装饰雕塑。纪念性雕塑由于它的社会功能在城市雕塑中占有重要地位，在中国革命史上为革命牺牲的无数革命先烈，要以纪念碑形式为他们树碑立传。在我国悠久的历史长河中，为祖国为人民作出重大贡献的政治家、军事家、科学家、医学家、教育家和文学艺术家都值得为他们树立纪念雕像，歌颂他们、纪念他们。这类雕塑的建立，对教育群众、鼓舞群众、发扬爱国主义精神将起到重大作用。苏联在建国初期，列宁便亲自拟定了一个纪念碑兴建计划，六七十年来，苏联不惜投入巨大的财力物力，在各地兴建了一批又一批规模浩大的纪念碑，影响深远。如果我们要选择重点的话，首先应该考虑这方面的题材。但是，一座纪念碑要树立在与这个历史事件或历史人物有关联的地方，要吻合城市的历史。园林、建筑或广场的装饰性雕塑，可以美化环境丰富景观。其题材内容十分广泛，可以是纪念性的、趣味性的、实用性的，要巧于借取。但要符合城市总体规划的要求，要处理好总体与局部、统一与变化的关系。

城市雕塑的艺术风格不应该是单调的。城市本身是千百年历史文化发展的产物，不同时期的建筑及其雕塑各具时代的文化特征；城市是物质的，不同时期的建筑及其雕塑各具时代的物质特征；城市的功能是庞杂的，建筑及其雕塑的形式应服从于不同的功能；因而城市雕塑的艺术风格就应该是丰富多彩的。

城市雕塑都处于某一个特定的城市环境之中，或在广场，或在陵园，或在建筑物前，或在居住小区绿地，或在儿童游戏场……作为环境艺术品的城市雕塑，如果作者不深入研究这些不同环境对雕塑的体量、尺度、形式、色彩、质感的特殊要求，只求雕塑本身的艺术水平是绝不可能产生成功之作的。

由于雕塑是带有物质性的艺术作品，也正因为其处于特定的具有物质性的城市环境之中，城市雕塑的用材就不应该只有一种选择。应该选用与题材、与形式、与环境相匹配的材料，或协调，或有所对比。现代材料技术已经给选材提供了更多可能，希望多加注意，选用除白水泥以外的其他材料。

除了上述谈及的创作思想方面的问题之外，还应注意创作态度，提倡"精心设计，精心制作"。

在雕塑设计制作上，目前有粗制滥造的倾向。我们不妨回顾一下五六十年代建起的城市雕塑。那时的作品，艺术风格上都是写实的，形式比较单一，这是时代的局限性造成的。但有一点要肯定，那就是在设计制作上都很认真。一件作品的完成，往往经过半年、一年，甚至几年时间。艺术创作的规律本来就是要有一个反复推敲的过程。反过来看现在的雕塑，形式风格较前丰富多样了，很多作品的思想性艺术性也明显超过了过去，这是十分可喜的现象；但也不可否认，有一定数量的作品，本应该可能解决的问题而没有很好解决便开始翻制。不管是写实的或写意变形的雕塑，都有比例、结构和动态表情的艺术完整性问题，只要认真推敲是可以解决的。还有的粗制滥造表现为作品构思、构图的一般化。同一题材可以多次创作，但表现形式不能雷同。这个问题雕塑家有责任，委托单位也有责任。有的雕塑家因为任务多时间紧，应接不暇，要求不高，推敲不够；也有的是委托单位的负责人对一座雕塑的题材、内容甚至动态表情和一些细节处理要求太具体，限制太死，必须按照他们的意见做，雕塑家没有发挥自己创造性的空间，大量平庸雷同的作品就是这样产生的。所以，一方面希望雕塑家认真对待每一件作品，另一方面希望委托单位要相信雕塑家，只要掌握大的原则，应该在如何表现方面充分发挥他们的艺术才能，这样才会收到更好的效果。

谈城市环境艺术的创造（提要）

本文系1988年在中国美术学院（原浙江美术学院）环艺系作专题讲座前所写的授课提要。

清华建筑学人文库
胡理琛文集

环境——"环绕全境"解。现在的"环境"，习用概念是指称人类所生活的某一空间区域内自然或社会的境况。

人类关于环境的概念是自始就存在的。原始人从生活的方便和安全的需要出发选择环境。新石器时代居住地就已经选在河湾环绕、地形高起平坦的二级台地上。进而又有意识地在居住地范围内创造环境，如陕西姜寨仰韶文化早期村落就有明显的集体向心式布局。

环境艺术，当然必须含有造型美的意义，但不等于美化，环境艺术的含义是宽泛的。下面讨论一下城市环境艺术特征及其创造途径。

一、城市环境艺术是自然环境与人工艺术创造的结合

1. 自然环境的利用

• 自然环境的体、形、色、声、香、气候，本身具有独立的审美价值。如"大漠孤烟直，长河落日圆"，"明月松间照，清泉石上流"，"登高望远，一览众山小"，"万绿丛中一点红"，"潇潇春雨"，"潺潺秋溪"，"莺歌燕舞"，"村鸡数声远"，"荷风馥郁"，"桂子飘香"，"秋高气爽"，"清凉世界"，"断桥残雪"……

• 城市对自然环境（包括次生自然环境）的利用。如城市选址，建筑选址，公园选址……如利用小气候，利用风水，利用树林……如对景，借景。

• 通过环境构成，渲染出一种意境、氛围，能动地陶冶人们的性情，激起感情的波涛，并由情感进至情理，使人得到教益。如宫殿的威严壮丽，古刹的深幽宁静，商业街的繁荣昌盛，居住区的生活气息，园林的高雅亲切……

• 环境艺术是一种综合的（自然、人工、社会），多方位的，多元的群体存在，构成因素复杂多样，是任何一种单体艺术如书法、绘画等所无法比拟的。

• 城市环境艺术要创造的范围包括城市所有的空间区域。整个城市以致城市各个组成部分。

2. 人工的艺术创造

• 这是以自然环境的存在为前提，对自然的加工提炼。

• 利用地形为标志性建筑，如亭、塔、阁。

• 观景点上为观景建筑。

• 对自然的补充，如杭州的雷峰塔与保俶塔，温州的江心岛双塔。

3. 建筑物与自然的融合

• 建筑物本身应具备艺术的品位，单体与单体之间应当和谐。

• 建筑物与自然融为一体。如南京中山陵本身是艺术品，与自然又呼应契合，不露雕琢。如楠溪江太平岩建筑跻于石缝、立于峰巅，浑然一体。如杭州苏堤、白堤，把西湖隔成西湖、里西湖、西里湖、岳湖，三潭印月小瀛洲湖中有湖，创造了空间的层次。既增景，又融合，也因为融合才能增景。

• 建筑风格与自然的协调。如山岳建筑的坡屋顶与山形较为协调。滨海石构建筑的壮实与大风大浪相协调。

• 伪装以求与自然融合。如墙面种植攀缘植物，使建筑隐于自然之中。

4. 雕塑及小品与城市环境的融合

雕塑及路灯、标识、招牌、广告等小品的风格要与城市环境的特色相一致，融入城市整体环境。

5. 文字、书法在人工与自然的结合中起着特殊的作用

如曲院风荷、柳浪闻莺、山外山、楼外楼……得宜的题刻艺术可以起到画龙点睛的作用。

二、城市环境艺术是物境与人文的结合

• 建筑、人工艺术品都是物的实体，除了物境之外要考虑与所在地域的人文条件的结合，如与乡土文化，与历史文脉等。

• 使环境艺术不仅具备自然美、艺术美，还输入社会美。

三、城市环境艺术是局部与整体、大与小、内与外的结合

• 城市环境有不同层次，局部服从整体，小服从大，内服从外。

• 局部本身又相对独立，也应有各自的环境艺术个性。如行政中心、商业区、文化区、工业区、体育中心、步行道、车行道……个性都应不同。

• 局部与局部没有绝对的环境界面，环境层层相续，流转无尽，局部是镶嵌在整体之中的，应与周边融合为一

视觉整体。其转折处理要自然，一般以绿化、道路或小品过渡。

• 如遇到不理想的环境，要"俗则屏之，嘉则收之"加以取舍，并以自身为起点，促使环境的改造。这在旧城改造中是常常遇到的课题，也是难题。

四、城市环境艺术是空间与时间的结合

所有自然的、人工的构成因素，被组合成一体化的空间形象以后，就已经不止二维的画面，也不是三维的立体景观，而是纳入了时间的流程。

表现为：

（1）组成空间、时间序列。人在这一序列中行进可以感受到各景物。交替地成为环境中某一局部的感受中心，发出不同的形象信息，激发出不同的感情火花。这些景物由建筑师、艺术家匠心独运地组成一条长链，闪动着、跳跃着，成为交响诗般的韵律和节奏。尤其在纪念性建筑序列中。

（2）每一环境艺术的人工作品都常有历史印记，这历史不同的印记形成了时空概念，即第四度空间，这是

城市记忆力的体现，城市文化气质的体现。

五、城市环境艺术是表现与再现的结合

• 表现手法——通过城市环境里的建筑、抽象雕塑、绿化创造一种氛围、意境、情趣，以引起人们审美的共鸣和心理上的享受，得到各种教益。如商业街，创造繁荣感，引起购物欲，购到所需要的物品。如居住区，创造优美、温暖、充满人情味的环境，使人得以休憩放松，享受邻里交往的乐趣。

• 再现手法——如秋瑾像，岳庙岳飞像，伏尔加格勒大型雕塑艺术综合体，给人以寄托哀思，受到爱国主义教育。

六、城市环境艺术是主体与客体的结合

• 主体——生活和活动在城市空间中的人。客体——生活和活动的空间环境。

• 人是客体的创造者，又可能是客体的破坏者。如二战的破坏，本世纪的大气、水体污染。

1972年斯德哥尔摩"人类环境会议"提出："我们达到了历史上的一个转折点"、"要拯救唯一的地球。"

人对城市环境的心理诉求，因发达程度不同，阶层不同，时令不同，文化程度不同而各不相同。但都具有一般性的共同的要求：舒适、清晰、可达性、多样性、选择性、灵活性、私密性、邻里感、繁荣感、安全感、新鲜感等。城市环境要尽可能满足多种人的不同需求，才能达到完美的艺术境界。

浙江省城市规划工作新任务

1988年，正值我国改革开放总方针进一步深入贯彻，社会主义商品经济的发展和沿海地区实施外向型经济发展战略之际，浙江省城市规划工作面临着历史性的方向性转变，因此有必要适时提出规划工作新任务：规划的发展和规划的强化管理要实现方向性转变的若干重要问题。本文系1988年本人在浙江省城市规划工作会议上的讲话摘要。

为了适应改革开放总方针的深入贯彻、社会主义商品经济的发展和沿海地区实施外向型经济发展战略的需要，我省城市规划工作正面临着历史性的方向性转变。城市规划工作的新任务，就是规划的发展和强化规划管理要实现这种方向性的转变。

一、城市规划的发展

城市规划的发展所要解决的历史课题，概括起来就是要更新规划观念，认清规划目标，拓展规划职能，革新规划方法，改善规划手段。这是一项艰巨的任务，需要有步骤分阶段作出努力。

1. 更新规划观念

长期以来，我国实行高度集中的产品经济体制，主要依靠行政手段组织生产、生活和各项建设，城市缺乏自我调节和自我发展的活力。城市按照这种传统的发展模式，城市规划较多地注意在国民经济计划指导下描绘长远的城市发展蓝图，着力于塑造理想的城市形象，强调总体规划的稳定性。我省1978年恢复城市规划工作以来的第一轮城市总体规划，基本上是在这种传统观念指导下编制的。50年代苏联城市规划原理中提出的"城市规划是国民经济计划的继续和具体化"，对我们城市规划的影响是根深蒂固的。以往人们对城市发展目标的预见，对城市发展规律的认识，来自计划经济和产品经济发展模式，往往存在着历史的局限性。当今，我国的政治、经济体制正处于改革时期，经济体制正由产品经济向有计划的商品经济转变，再按照老观念编制城市规划，就不能适应改革、开放的需要，必须更新城市规划观念。

规划观念的更新，首先要树立商品经济的观念，要研究和探求商品经济影响于城市发展的诸多方面——经济、社会、科学文化、人口聚集、资源利用、地理区位等各个方面，要研究由于商品经济影响而引起变化的带规律性的问题。城市规划要为发展社会商品经济和建立商品经济新秩序服务。二要树立区域的观念。地域空间是统一的，商品经济越发展，流通的地域空间越广阔，应把城市发展与区域发展结合起来，把城乡作为统一整体，以城市为中心，农村为基础，统一规划城市和乡镇的发展和建设，改变就城市论城市的封闭型空间观念。三要树立综合观念。城市规划是一项系统工程，因此要重视对社会、经济、文化等各个相关方面综合发展问题的研究，城市规划既要为物质文明建设服务，又要为精神文明建设服务，改变就建设论建设，单纯研究物质环境的观念。四要树立发展的观念。尤其在进入社会主义商品经济发展时期，要更注意动态发展规律。城市规划要成为一种既有长远的战略设想，又有分阶段实施目标，定期进行调整和补充的动态规划。五要树立效益观念。商品经济与产品经济的根本区别之一是追求经济效益。城市规划要对拟订方案作出经济分析和评价，改变只描绘理想的城市形象，不研究投资效益的传统做法。

2. 认清规划目标

经济、社会、文化的发展，对城市素质在广度和深度方面提出了新的更高的要求，城市规划工作应当根据这些要求，全面拟定规划目标。除过去已着力考虑的，合理组织空间布局，创造良好的生活环境外，还应当把完善城市的多种功能，提高城市的经济效益、社会效益、环境效益和运转效率，促进城市的物质文明和精神文明建设，增强城市的吸引力和辐射力，作为规划目标。

当前在城市规划中尤其要充实多年来未引起足够重视的精神文明建设方面的内容，比如历史文化名城名镇名村保护、古城区保护、更新和利用，继承和发展城市传统风貌，创造城市特色，完善博物馆、图书馆、文化馆、美术馆、青少年宫、老年宫等文化设施规划。各城市还要规划公墓公园。有条件的城市应增辟郊野林地。

3. 拓展规划职能

城市规划不只是城市建设的蓝图，还对城市各项建设具有综合指导作用，这种综合指导作用包括规划的控制职能和规划的引导职能。过去我们主要只运用规划管理这一行政手段，对城市的土地利用、空间布局和各项建设按城市规划的要求进行控制，没有重视也没有采用适当的经济手段，对城市各项建设的选址、定点和布局进行引导。目前规划管理中存在的一些问题，大都与只有控制没有引导有关。我们必须发挥规划引导职能的作用，为了有效地发挥引导职能，还必须在运用行政手段的同时，兼用经济手段。城市实行土地有偿使用和综合开发，房地产按商品经济规律进入市场，使城市规划得以运用经济杠杆和价值规律，不断调节和优化城市的布局结构，引导城市的合理发展，促进城市规划的实施，提高城市建设的综合效益。我们必须充分发挥这两种规划职能的作用，使城市规划有效地成为建设城市和管理城市的依据。实践证明，城市政府重视城市规划工作是发挥规划职能的关键。规划部门必须扩大工作面，不仅搞城市规划设计和规划管理，而且要争取成为城市政府的参谋部门；不仅搞物质环境规划，而且要参与城市发展战略的制订，主动地影响领导决策。要做到这一条不容易，但能够做到。天津市市长李瑞环同志认为城市规划部门是研究和决定城市发展战略的主要参谋机构，就是一例。各地规划部门要努力"挤"到参谋部的位置上去，以充分地

发挥城市规划对城市各项建设进行综合指导的作用。

4. 革新规划方法

革新规划方法是发展城市规划工作的一个重要环节。革新规划方法要从以下几个方面作出努力。

第一，制订规划要民主化、科学化。编制城市规划要有两个以上的方案进行比较和技术经济论证，并要有群众参与。总体规划应公开展览，广泛征求有关部门和城市居民的意见；分区规划、详细规划应征询当地居民和单位的意见；难度大的规划要邀请专家进行咨询。椒江市建造了我省第一个专门的城市总体规划展览室，为市领导进行城市建设决策和为市民参与规划提供了园地，有条件的地方也应建立这类展览场所。

第二，城市规划要力求稳定性与灵活性的统一。由于城市是在时间、空间中不断运动的动态系统，因此城市规划既要有一定发展阶段相对稳定的目标，又要有一定的弹性和较强的适应性，在城市总体规划修编时，除了确定近期、远期目标外，还应作更长远的设想。做到不仅能适应当前建设需要，而且还能指导城市的长远发展，又能适应城市在

发展演变过程中的动态变化。规划工作者应当认真研究城市发展的规律性，既研究城市发展的共同规律，又研究编制城市规划的特殊规律，按照对这种规律的认识，预测城市的发展目标，拟定城市的布局结构，并根据经济、社会、文化的发展进程，适时对规划进行补充、调整，以逐步实现规划的稳定性与灵活性的统一。

第三，开展多层次、多专业、多类型规划的编制工作。为了使规划编制更加科学化、系列化，城市规划设计应当扩大规划的研究范围，增加工作层次。规划部门要参与国土和区域规划工作，参与城市发展战略的制订。城市总体规划要综合研究市（县）域内以至县辖区的城镇布局与城乡关系，根据经济社会发展目标的预测，合理布置城镇体系，并对市（县）域以至县辖区的生态环境、交通系统等基础设施和风景旅游资源的开发作出规划安排。这项工作量大面广，且无成熟的经验，各地可根据需要分步骤地进行。在社会、经济发展特别快的背景下，那些对城镇人口集聚方向、用地发展方向、布局结构比较模糊，或者城乡空间秩序已经出现混乱的地区要尽早进行相应的规划。城市总体规划的编制可根据该城市的实际情况和工作需要，增加前期的规划纲要工作层次，大中城市和小城市较大的新区要在总体规划的基础上编制分区规划。旧城区和拟开发地区，应根据近期建设的需要，编制控制性详细规划。当前有修建任务的地区，要编制修建性详细规划。南京市、温州市规划局关于详细规划方法的改革，值得我们学习借鉴。

随着经济、社会、文化的发展，城市规划的领域比过去宽阔了，近几年国家对规划内容提出了许多新的要求。城市规划部门要按照有关规定提出的要求，抓紧编制城市交通规划、重点人防城市的人防建设与城市建设相结合的规划、环卫和消防设施规划、历史文化名城的保护规划和建筑高度控制规划，划定各级文物保护单位的保护范围和建设控制地带，并提出保护措施。规划部门还要组织开展城市重点地段的城市环境设计工作，逐步把城市设计引进城市规划各个层次的规划中去。

过去我省各地编制的详细规划基本上只有居住小区规划和一条街规划两种，与城市建设的需要不相适应。建设部规划司草拟的《城市规划编制办法》提出了七种类型的详细规划。各地规划部门要根据近期建设需要，开展多种类型详细规划的编制工作。

还要修订、调整和完善城市总体规划。目前，我省不少城市的总体规划已不同程度地出现了与城市经济、社会文化发展不相适应的情况，应当区别不同情况，适时地对总体规划进行修订、调整或补充、深化。我们认为，对批准的总体规划涉及城市发展方向和总体布局的重大变更应取慎重态度。修订总体规划不能简单理解为增加城市的规划人口、扩大城市的用地规模，而应当在深入调查研究、总结规划实施经验的基础上，按照新观念、新方法进行修订，以使修订后的总体规划达到一个新的水平。经过批准的总体规划，在某些方面已不能适应城市发展和建设的需要，需对规划作局部性变更的，应适时对总体规则中不适应的部分作出调整，不要全面修订规划。近几年来，由于建设活动节奏加快，变化较多，规划内容比过去复杂，要求比过去高，城市规划工作应该向深细方向发展，尤其是近期建设规划要细，要具体，要定量化。这是我省多数城市面临的任务，应当切实搞好总体规划的深化工作。深化的重点是开展分区规划和控制性详细规划，并加深各项专业规划，大中城市尤其要重视做好交通规划。

第四，建立规划储备。这几年，我省经济发展速度快，基本建设规模大，建设项目多，而规划部门力量不足，基本只能应付当前建设的规划安排，无力超前做好规划准备。党的十三届三中全会确定了治理经济环境、整顿经济秩序、全面深化改革的指导方针。我省清理固定资产投资项目和全面彻底清查楼堂馆所建设的工作正在展开，今后两年的固定资产投资规模将得到压缩。城市规划部门要利用这一时机，超前做好规划，建立必要的规划项目储备。各地规划部门要在搞好调整、完善、深化总体规划和当前开发建设地区详细规划的前提下，安排好规划储备项目的规划设计工作。有的要抓好近期建设规划，有的可多进行一些分区规划，有的可多开展一些控制性详细规划。具体项目各地要根据自己的力量和工作需要进行安排。

5. 改善规划手段

我省城市规划的技术手段落后，必须逐步改善提高，首先是地级市要改善规划设计和规划管理的技术手段，大中城市要更先行一步。要吸收国内外的先进经验，逐步推广。要运用航空遥感、计算机等新技术，开展有关城市发展目标的预测和论证，城市人口、土地利用、环境质量等要素的分析、评价、模拟和预测，以及城市交通的调查和规划。要有计划地建立城市规划和管理的数据库。同时，要重视发挥各级城市规划学术组织和省城市规划科技情报网的作用，积极开展学术交流，组织学术讨论，开展咨询活动，及时传递城市规划的最新信息，介绍规划工作动态，切实化科学技术为生产力，改进全省规划设计和规划管理工作。

二、规划的强化管理

应当充分认识到我省城市规划工作的重点，要及时地转移到以实施为中心的轨道上来。为了有效地实施，必须强化管理。在计划、投资体制改革，经济管理权分散、下放，企业技术改造项目审批权下放，以及城市开放搞活的形势下，尤其要强调规划管理的集中统一，把纷繁复杂的城市建设活动纳入统一规划管理的轨道，使整个城市的运行机制活而不乱、和谐协调。强化规划管理，就是改革传统的低效率的管理方法和管理体制，逐步实现规划管理科学化、规范化、系统化、科学化，就是根据科学的规划，依据科学的程序，采用科学的手段进行规划管理，变经验管理为科学管理。规范化，就是依据完备的法制，按照严密的规章和严格的行为准则进行规划管理，建立良好的管理秩序，变无序管理为有序管理。系统化，就是建立系统的包括块块、条条及组织和发动群众进行规划管理在内的管理网络，变散乱管理为网络管理。

楠溪江乡村建筑人文思想的启迪

清华建筑学人文库　胡理琛文集

继1987年发表《古朴风雅　灵巧多姿》一文介绍楠溪江建筑风情之后，笔者再次撰文，进一步介绍楠溪江乡村建筑的人文思想，尤其是乡村建筑的文化观、环境观、社会观，以求正在蓬勃发展的我省乡村建设能从中得到有益的启迪。原载《建筑学报》1989年第1期。

笔者在本刊1987年第5期以陋文《古朴风雅　灵巧多姿》介绍了浙江永嘉楠溪江乡村建筑风情。然而，楠溪江建筑风情的建筑美不是她价值的全部，更宝贵的还有她那极为丰富的乡村建筑的人文思想，这些思想至今引人深思，它启迪着我们对正在蓬勃发展中的乡村建设的思考。

在叙述楠溪江乡村建筑人文思想之前，先介绍一下其地理历史背景。楠溪江是树枝状水系，分布于温州永嘉县境内。在历史上因楠溪江水路通达，交通条件得天独厚，加之土地肥沃，气候温和，那里曾是一块发达之区。南宋时，因宋室南渡，永嘉一带经济繁荣，文化发达。当朝又鼓励"耕读"，规定工商不可入仕，士农可以，楠溪江这块丰饶的沃土、幽雅的风光和通达的水路正是图仕者耕读的理想之地，因而南宋时楠溪江文人学士辈出。楠溪江建筑的鼎盛时期也在南宋。而在更早的历史时期，东晋大书法家王羲之，南朝诗人、我国山水诗鼻祖谢灵运和同朝诗人颜延之还当过永嘉太守。如此特定的地理环境和历史条件为楠溪江流域儒学和人文思想的兴盛奠定了深厚的基础。

那么楠溪江乡村建筑的人文思想是哪些呢？我认为主要体现了它的文化观、环境观和社会观。这些人文思想值得继承和发展。

一、乡村建筑的文化观

我们剖析楠溪江建筑风情的肌理，清晰可见她的文化脉络。纵向看，楠溪江历代的建筑遗存都是各代的文化印迹，尤以宋代文化印迹最为醒目，这些印迹连成一条相互承接的贯通千百年的文化脉络。横向看，村寨规划布局、建筑、楹联碑记，甚至村名、景名，无不文情脉脉。这文脉是我国历史悠久的传统文脉，正由于它不息的跳动，使楠溪江建筑风情的肌理永葆活力。特别是楠

溪江村寨宋代就有规划，且有明确的规划思想，实属国内罕见，在我国建筑史、规划史的研究上具有很高的价值。

例如芙蓉村。始建于北宋天禧年间，曾被元军所毁，元末明初复建，它有完整的规划，以溪门为起点，以始建于南宋的芙蓉池和池中的芙蓉亭为中心，展开它颇具规模的村寨布局（见附图1）。中心部分是该村的精华所在、被称作芙蓉花的花蕊，是该村的公共活动中心。规划设计思想是将芙蓉池、芙蓉亭和村西的芙蓉三岩（南岩，中岩，北岩，状如芙蓉）胜景融成一体，立意创造一个"三岩倒映影，荷花映芙蓉"的艺术境界，这是一项极为成功的环境艺术作品，它体现自然美、人工美之外，还体现社会美，表达了村民们希望自己的生活永远像芙蓉花盛开那样美好的精神寄托。在纵五横四的街路网内还规划布置"七星八斗"（多半已毁），"七星"即七个在

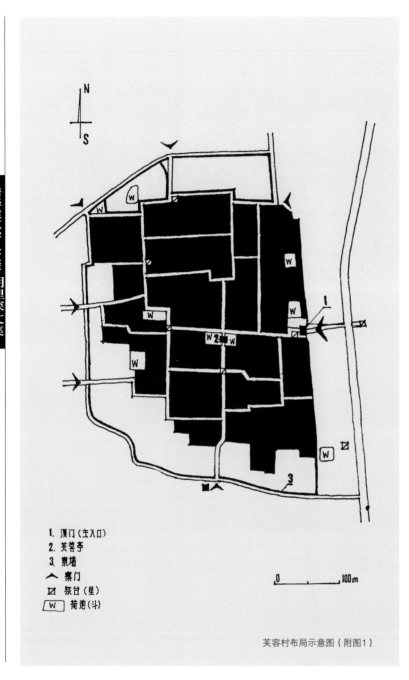

图例：
1. 溪门（主入口）
2. 芙蓉亭
3. 寨墙
人 寨门
⊠ 祭台（星）
Ｗ 荷池（斗）

0　　　　　　　100m

芙蓉村布局示意图（附图1）

石路上刻意拼花的石铺小平台，据传是用来节庆祭祖的祭台；"八斗"即八个荷池，既是美化环境的点缀，又是村寨完善的消防设施。"七星八斗"还表此为福地，可容天上星宿，寓人才辈出如同星斗繁密，有吉祥之意。该村陈氏宗谱记载，宋代果真出了状元及以下高官学仕计十八位，有"十八金旦"之称，抗元名将陈虞之即是其一。芙蓉村精良的村寨规划和建筑设计，不仅是先民们高超的建筑技术、艺术水平和深厚的美学素养的体现，而且"荷花映美蓉"、"七星八斗"这些规划设计立意也是中华民族传统的爱美、向善的文化心理的反映。我国历史上一直未能构成强大的宗教体系，中华民族的文化心理，眷恋现实的人生甚于向往来世的天堂，是通过对人生的哲学思考和投身大化、寄情自然求得心理上的平衡，而不是一切都向万能之神祈求，尤其是文人士大夫阶层。因此，"荷花"、"芙蓉"、"七星八斗"这些自然界的美景与乡间知识分子向往美好人生之情交融一气。

如苍坡，北宋建村，它不仅以轮廓生动的村寨风貌、优雅的扁湖环境、比例佳美的望兄亭显示其建筑艺术的光彩，还以规划建设中所包含的鲜明的规划思想、优雅的文采和美好的佳话传说令人叹服。据载南宋本村九世祖李嵩同

楠溪
芙蓉村
一亭

夫人先后建了东西两池及溪门，并以"文房四宝"作为规划思想指导其布局，建了一条直街称"笔街"。笔街所指之山峦状如笔架，引进一个"笔架"（见附图2）。在笔街上特意插入一个石条围的台称"砚台"、砚台两旁各搁置一块4.5米×0.5米×0.3米端头打斜的大石条，状如磨过的"墨"（现在留下一支笔，一个笔架，一根墨），规划者以此"文房四宝"激励他的后人奋发读书多夺功名以光宗耀祖。出自此村的南宋国师李时日还在溪门上题曰："四壁青山藏虎豹，双池碧水储蛟龙"，以寓此村为龙腾虎跃名人辈出之地。显然，这些乡里知识分子规划的不只是一个村寨，也是遵"学而优则仕"的孔儒之教规划了一条封建仕途，这也是宋时推行耕读的社会写照。八世祖李霞溪为悼兄李锦溪抗番身亡。在扁湖旁建馆纪念，雅名之"水月堂"，以夜见水中幻月勾起对亡兄的不尽思念。村头的望兄亭与邻村霞坞桥头的送弟阁更有一曲动人的传说：相传宋末建炎年间李氏兄弟分家、七世祖兄秋山主动迁出居方巷，弟加才居苍坡，兄弟情深，分家以后往来探望甚密，因古时候深山密林多虎豹出没，夜晚每来必送对方至家门才返，后双方商定在各自村头建一个凉亭，隔溪相对，送者返家可在亭上悬灯以告对方归途平安，因而取名"望兄亭"、"送弟阁"，至今古亭尚在，遗风犹存，苍坡村仍是远近闻名的精神文明村。这一对古亭既是建筑遗存，又是中华文明的象征，实属举世难得的建筑珍品。

再如豫樟村，位于小楠溪南岸，面朝东北，西南靠笔尖山，村前挖有"砚池"，其位置大小正好将笔尖山峰倒映其中，如同毛笔蘸墨，以示此处可出文人，"一门三代五进士"即出于此。

楠溪江的秀美山水吸引了许多文人雅士在此隐居耕读。给不少村寨创造了各自的风雅。如溪口村有一座戴氏"明文书塾"，芙蓉村也有两座书院（已毁）。岩头镇有所谓亭（花亭）、台

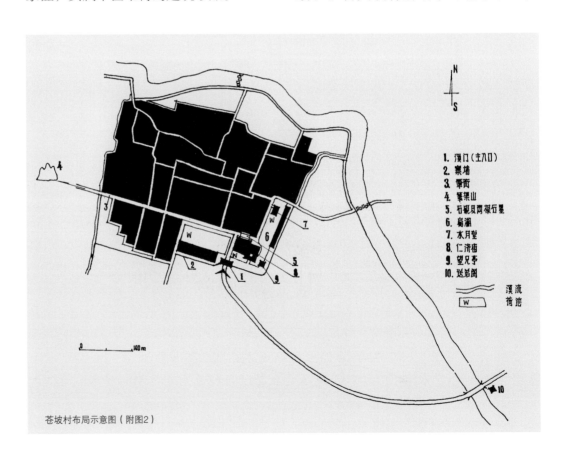

1. 溪门（主入口）
2. 寨墙
3. 笔街
4. 笔架山
5. 石砚及两根石墨
6. 扁湖
7. 水月堂
8. 仁济庙
9. 望兄亭
10. 送弟阁

〰〰〰〰〰　溪流
▨ W ▨　荷池

苍坡村布局示意图（附图2）

（戏台）、楼（钟楼、鼓楼）、阁（文昌阁，沁园阁）等公共建筑。如廊下村，村民为其村周围的幽胜自然景观取十个景名，有"十景村"之称。溪口村也有"合溪十景"。再如枫林村，村口枫林中一座古亭以唐代诗人杜牧诗《山行》中"远上寒山石径斜，白云生处有人家。停车坐爱枫林晚，霜叶红于二月花"之句，由清御史徐定超题字名之为"爱晚亭"。该村还有沙岗五景：半月沉江，柏树凉亭，凤凰飞翔，蜈蚣探身，仙翁钓鳌。蓬溪村谢灵运后裔某谢宅有朱熹题字"近云山舍"……此类风雅不胜枚举。

上述楠溪江丰富的古村寨、古建筑遗存及其文情清晰的风情肌理，都是历代乡村建设者们丰厚的建筑文化素养和他们传统的文化观指导于建设实践的丰硕成果，是当地人民千百年来积累的宝贵文化财富，也是民族的共同财富，我

们应该从中认真研究，积极借取，剔除旧文化的糟粕，融进社会主义新文化的血液，切实把已经延续了千百年的建筑文化脉络承接下来，使其跳动不息，永葆活力。

反思当前乡村建设，多有重经济轻文化的倾向，破旧的小学与崭新的庙宇教堂便是这种不良倾向的生动写照。不少乡村建设无规划，更无规划思想，乱占乱建，新而不雅。更令人遗憾的是有许多工艺精良，造型优美，历史悠久的古建筑、古桥梁以及古树名木被滚滚而来的建设浪潮所吞没，这些都是乡村建设缺乏文化观的结果。

楠溪福佑村张亭
戊寅年十一月青

二、乡村建筑的环境观

楠溪江古村寨的建设非常重视人的生活居住空间环境。选址讲究，巧妙利用自然，规划布局善于借景、透景、造景，能融人工美与自然美为一体，创造出了像坦下村那种山歌般质朴动听的富有韵律感的村寨风貌。像扁湖、丽水街、芙蓉池那样使人、建筑与自然相统一的、情景交融的综合环境艺术体，岩

头镇以建造亭台楼阁来点缀自己的环境，有的乡村辟有"十景"、"五景"且有景名景诗的乡间园林，有的建造了优雅的庭院环境……在楠溪江有我们新村镇建设汲之不尽的艺术养料，也有现代城市和风景园林环境艺术创作的源泉，更有值得后人继承和发展的环境意识和创造融于自然的乡村优雅环境的建筑环境观。

我国未来将有越来越多的人脱离农业，社会日益城市化。随着城市化进程的加快，人们越来越向往自然，城市的

人要求"返回"大自然。而最贴近大自然的乡村应融于自然是不言而喻的，值得重视的是我们许多新村建设十分缺乏这种环境意识和融于自然的环境观，因此出现在乡村建设中不严格保护自然生态环境，滥伐树木，不重视绿化，出现干巴巴的马路，暴露无遗的庭院，新建住宅形同军营……环境美是现代文明的一项重要标志。为了引导农村切实走向现代化，在乡村规划设计中不能不考虑环境。

三、乡村建筑的社会观

楠溪江古村寨几乎个个都是一个小社会，是由民居、宗祠、亭台、池榭、书院甚至寨门等提供物质文化生活以至军事设施较为齐全的封建的小社会。这些小社会较欧洲中世纪城堡更富于人情味，从规划到每项建筑以及整体环境均亲切近人，充满生活气息。这些是儒学"仁"的思想的具体体现，儒学是为了缓和阶级矛盾，维护封建统治，但由于重视人本身的礼仪仁爱，客观上又具有人民性。因而在楠溪江村寨的小小社会里，作为社会细胞的人基本的生产生活和社会活动要求得到了满足。其芙蓉村的"微型城市"、各村寨丰富的建筑构成和凉亭等公共社交建筑的突出地位是古乡村建筑社会观的鲜明反映，从中还见到了出现于数百年前"社区"的雏形。

我们的乡村建设应充分体现社会主义的人道主义精神，进一步尊重人，关心人。新乡村应更加重视公共文化、公共福利建设，把民居建得更加舒适；商店、学校、文化馆、球场、公园、托儿所、敬老院、卫生所应尽可能考虑得周全；环境要卫生优雅，还应努力创造有利于邻里交往的多种公共活动空间；并且要最大限度地满足当代人的物质和精神生活的需求，即把乡村建设成类似现代国家称之为"社区"的现代小社会。当然这个小社会比之传统的乡村要更富人情味，更充满生活气息，这个小社会不再是古老的、封闭的、宗族的、落后的，而是新型的、开放的、全民的、现代的。

此外，楠溪江古村寨运用"荷花映芙蓉"、"文房四宝"等种种象征手法表达了人们向善、向美的追求和激励奋进；传颂着望兄亭、送弟阁的故事佳话等，亦说明了古乡村的建设者们极重视社会美，重视传统文化意识中的精神文明。我们应该继承这些重视社会美、重视精神文明的优秀传统，也可以运用某些象征手法表达人们对社会主义共同富裕理想的追求，激励人们向现代化奋进。也可以建设纪念碑、纪念塔、纪念馆、种纪念树、设置纪念雕塑，用以记载乡村光荣文明的历史，唤起对先贤、先烈的哀思和怀念。这对培育有理想、有道德、有文化、有纪律的社会主义公民，对造就爱祖国、爱人民、爱劳动、爱科学、爱社会主义的一代新道德风尚，建设社会主义精神文明将起到积极的作用。

总之，我们需要树立起建设既有丰富的物质生活，又有充实的精神生活的社会主义乡村建筑的社会观。

综上所述，楠溪江乡村建筑的人文思想是极为丰富的，它的文化观、环境观和社会观尤为鲜明。这些思想和观点与当今流行于国际的后现代主义、晚期现代主义建筑理论有惊人的相似之处。后现代主义、晚期现代主义所推崇的，诸如建筑要反映历史文化；要从大众文

化、工艺制品和历史中寻找灵感；建筑应是自然和人的中介；强调人与自然的联系，人类要返回大自然；主张增辟城市和建筑的共享空间以促进人与人之间的交往；重视居住区的邻里空间；建筑和空间要注意人的尺度，多一点人情味，等等。而楠溪江的古村寨建筑文化意蕴，显然包含了丰富的人文思想，也体现了建筑的文化观、环境观和社会观。那些现时最时髦的建筑思想和观点，从楠溪江建筑风情中均可找到它们的原型，只是由于古今中外的经济社会文化背景和基础不同，级差悬殊罢了。因而我认为在积极汲取国外现代建筑思想和理论的同时，也应该重视发掘本国本民族的建筑文化遗产，从中取其精华，使其得以继承和发扬光大，并且进而将中西文化交融，经过提炼达到升华，创造出社会主义中国建筑的新文化。

城市园林绿化的新思维（提要）

一、城市园林绿化的生命在于"绿"

• 城市园林绿化是一门技术和艺术兼具，既涉及自然科学又涉及社会科学的综合科学。而核心是"绿化"，即贯彻"以绿化为主，以植物造景为主"的原则，也可以说，其生命在于"绿"。因为绿化主要目的是改善城市生态，改善生态主要是增加绿量。

• 为贯彻好"以绿为主，以植物造景为主"的原则，维护好城市园林绿化的生命，必须冲破传统的观念上、文化上和审美心理上的障碍。

二、城市园林绿化，必须与美化相结合

• "先绿化后美化"，对于城市园林绿化是不适宜的，因为城市园林绿化本身就是艺术，艺术就不能不讲美化。植树又是百年大计，千年大计，不能栽了拔、拔了栽，绿化没有先后问题。

三、拓宽运用绿化材料和手段的思路

• 绿化的材料和手段除了植树、栽花，还有草坪、绿篱、绿墙、攀缘植物、阳台槽花、屋顶花园、喷泉水景等。

四、城市园林绿化要重视利用本地区优势的自然条件

• 城区山地、丘陵

• 郊野林地

• 河畔、湖滨、岛屿

• 地方特色树种、花种（市树、市花）

本文为1989年5月在开设省建设厅建设局长干部学习班专题讲座时所写的提要。

• 文物古迹点

• 城雕

五、绿化要因地制宜、因景制宜

• 宜作规则式园林的，绿化可用规则式布局。

• 宜作自然式园林的，绿化宜自然式布局，切忌刻求整齐划一。

六、园林建筑规划设计者要增强建筑文化意识

• 建筑是文化，具有地区性、民族性，要讲求特色；具有时代性，要讲求时代气息；具有延续性，要讲求继承和发展。

• 当今世界，建筑文化更多追求人情味，以人为本。

• 园林建筑要尽量多地利用来自大自然的材料，如石、木、竹、土之类。

对城市特色的思考

一、"城市特色"的内涵

城市特色的内涵主要体现于两个方面：一是视觉上要给人以特有的美感。无论是维护某种特色，完善某种特色，或是塑造某种特色，其目的都是要给人以美的享受。例如，城市的整体环境，包括城市与其所处的山水环境的构成要和谐；城市布局结构的层次要有韵律感；城市的建筑色调、风格、体量、尺度、绿化要给人留下美好的印象等。如果一个城市虽有"特色"，但不能给人以美感，却产生出丑陋感，就不是我们所要追求的。二是要体现鲜明的文化气质。城市特色就如同人的素养是人的文化气质的表象一样，它是城市文化气质的表象。例如：风景旅游城市一般应典雅细腻；文化科学城市一般应素洁宁静；工业城市，由于它是伴随现代工业快速发育起来的，一般较粗放大方；古城与新城，由于其城市建筑、

设施，乃至树木的历史文化背景截然不同，年代久远不等，时空感也大不一样，表现在气质上，一般前者文质彬彬、凝练持重，后者朝气蓬勃、欣欣向荣。文化气质是城市特色最具本质的内涵，也是我们研究城市特色需要深入探索的一个领域。

二、城市特色的发育基础

任何一个城市风貌的生成都有着它的共性和个性两方面的发育基础。浙江素称"丝绸之府"、"鱼米之乡"、"文物之邦"、"旅游之地"，长期以来社会经济相对发达；两千年上下的历史，文化遗存较丰富；由七山一水二分田形成的自然地理环境，山川秀丽，绝大多数城市骑河、跨江、伴湖、滨海；气候温和湿润，有良好的植物生长环境……这些是浙江城市风貌得以生成、具有共性的发育基础。另一方面，就每

随着城市规划科学的发展和人们物质、文化生活水平的提高，城市的生命不应该在千城一面中延续，塑造城市特色，业已成为城市规划设计人员和城市管理者十分关注的问题。文章论述了本人对城市特色内涵，城市特色的发育基础和维护、完善、塑造城市特色的若干思考。原载《城市规划》1990年第5期。

一个城市而言，经济发展不平衡；历史文化背景不同；文化遗存的内容各异；城市发展的格局有别；小区域的自然地理环境、气候条件又不尽相同……这些都是城市风貌生成过程中带有个性的发育基础。发育基础是先天的，是发生的因，是变化的根据。我们的目标是追求城市的个性风貌，在城市的共性之中寻找城市的个性。那些不顾客观的发育基础，主观地去塑造，离开发育基础论特色，是无水之源、无本之木，是不可能成功的。

三、维护、完善和塑造城市特色的若干规划设计思路

联系浙江，至少有以下几条可以付诸实践的。

（1）充分利用各城市特有的自然地理环境。平原水乡城市，如绍兴、宁波、嘉兴、湖州地区，继续沿着水的建筑文化之路往前迈进。不填河道，维护骑河、跨江、水街桥为一体的格局，保持小河小街小建筑小尺度。当顺应现代生活生产需要，需修筑较宽的街路、较大的建筑时，可进行小尺度小体量的处理。丘陵和山区城市，如杭州、温州、临海、丽水、兰溪、椒江等城市，背山面水，市区之内还有几座小山。秀水青山是城市景观的天然的组成部分，也是这些城市特色构成的重要成分。山水与城市的不同结构形态，山水与城市的不同组景、借景、对景，可以形成千姿百态的景观特色。从山头鸟瞰城市"第五立面"，色调各异的屋顶造型和绿地配置也能显示特色。滨海和海岛城市，瀚海、碧水、金沙、白浪、奇礁、险崖都在视野之内，城市特色脱离不了这些物质环境，连特有的剑麻丛、黑松林，也不能忽视它的存在。还有夏季常常光临的台风这一强劲的自然力和就地取材的石料，造就了这些城市建筑形象具有浑厚端庄、坚不可摧、无与伦比的力度。画家们给温岭的滨海小镇石塘取了个"中国的巴黎圣母院"的美名。原因是该镇地无一寸平，建筑布局只得依山就势，造型灵活多变，全部花岗石砌成，雕塑感特别强烈。可以设想，如这一风貌遭到破坏，这个城镇就无特色可言。

（2）明晰城市的时空感。时空感是城市特色构成的又一重要成分。明晰时空感的途径，一是保护好历史文化遗存，包括古城、古建筑、古树名木等。这些遗存是历史的记录，不同时代的遗存保护越多，时空感越清晰。历史文化遗存既是物质的，又是精神的，且物质可以转化为精神——市民的凝聚力，精神又可转化为物质——市民的创造力。某些遗存除了直接的教育意义之外，还可给人们留下隽永的记忆。如双林镇的还金亭，是明弘治年间表彰拾金不昧者而建的纪念亭；龙泉的县府（原封建社会的衙门）前的"三思桥"、"扪心

亭"等，凡见者均难以忘怀，其本身就具有特色价值。二是提倡建筑设计创新，反对复古，反对抄袭。建筑文化无疑是城市文化最主要的内容。某一历史时期的建筑代表了某一时期的城市文化。"假古董"既不代表现代文化，又

不代表古代文化，其不仅模糊了城市的时空，还起到阻碍文化进步的作用，令人深恶痛绝！抄袭而来的"舶来品"，效果多半不佳，为了城市的进步与文明，但愿抄袭少一些，创新多一些。因为只有把时空拉到最大，才有时代精神，才能体现欣欣向荣，才能激励人们上进。可喜的是，近十来年我省相继出现了一些设计新颖、富于时代精神、朴实无华、又与城市格局体量尺度相宜的新建筑，如上虞宾馆、桐庐图书馆、富阳剧院、缙云剧院、北仑城建局办公楼、丽水钟楼、青田江滨公园……还产

生了一批与现代建筑环境较和谐的变形或抽象的城市雕塑。值得一提的是丽水钟楼，它既是古钟楼建筑文化的延续，又是建筑文化的发展；它每一小时发出的悦耳的钟声，似乎是丽水人民齐步迈向现代化的时代的奏鸣，扣人心弦；它既是有形的文化又是有声的文化，颇具特色。不过，浙江的建筑新文化还太少，这些仅仅是开始，虽然发展的速度慢了一点，但毕竟是希望的曙光，令人鼓舞。

（3）绿文化的全面渗透。绿化对城市特色的形成起着举足轻重的作用：

被誉为"森林城市"的长春，就是因为该市绿化浓密；"榕城"福州，是由于该城处处榕冠遮天；"花城"广州顾名思义，倾城是花。绿化已不再是简单的植树栽花，是随着人类生活城市化，并为改善生态环境而日夜发展起来的新文化，因而用"绿文化"一词似更能体现其含义。它既是运用现代多种技术手段以至生物工程来恢复生态环境的科学，又是为城市生活增添情趣和色彩的艺术。在二十世纪九十年代的今天讨论城市特色，如果不涉及绿文化，显然是不全面的。按生态学的要求，平均每人呼吸大约需要10平方米的森林或40平方米的草坪相平衡，大约相当于25～30平方米城市绿地。浙江人多地少，目前人均城市用地才60平方米左右，规划远期才90平方米左右，其中公共绿地一般只7平方米，加上其他绿地面积也不会超过20平方米。因此，绿文化对于浙江尤显重要——必须推行绿文化的全面渗透。有条件的城市要规划建设郊野林地；市区之内的绿化，要贯彻以绿为主，以植物造景为主的方针，充分利用一切可利用的土地，一切可以使用的技术手段；大力种植攀缘植物、垂挂植物，有经济能力的要搞屋顶花园，最大限度地遮掩人工之物，扩大绿野，软化被水泥块块、玻璃匣子、僵直马路硬化了的生活环境；确定市树市花……

（4）搞好城市重要地段的城市设计，城市的入口大门——火车站、码头、航空港、汽车站，主要广场，主要大街，以及其他重要地段，是市民和旅游者活动频繁的公共场所。这些地段的视觉景观和文化气质的总和，构成了该城市特色的主旋律，搞好这些地段的城市设计，对于维护、完善和塑造城市特色的作用非同一般。

（5）继承和发展优秀的独具特色的城市建筑构成。如水乡的桥群、骑楼、码头、钟鼓楼、塔、浙南山区的廊桥……这些建筑构成有浓郁的地方色彩，千百年来与市民朝夕相处，与日常生活融合一体，是维系市民尤其是天涯游子的心理纽带，有的早已成为该城的标志，无论它们的功能或景观均具继承的价值，应切实把它们保护好。随着城市的发展、生产生活方式的改变和新技术新材料的运用，这些传统的建筑构成还可以发展，并赋予新的内容，创造新的形式，并仍保持特色或成为城市的标志。

（6）净化城市"小品景观"。所谓"小品景观"意指招牌、路牌、路灯、霓虹灯、广告、花坛，及公交站、灯笼雕塑等一些建筑小品所影响的景观。这些景观本身物件虽小，但由于接近人的视野，效果显著；又由于数量多，对城市特色的影响，不亚于建筑物、建筑群。比如招牌，曾有一个时期从首都北京至僻壤小镇，红字一统天下。如此招牌的"红海洋"，再有特色的城市也要减色三分。再如路灯，"玉兰花"开遍全国，且开了30年而不败。为什么不可以设计一种具有本城特色的路灯呢？城市雕塑多半是美女、白鹿、牧童之类，重重复复。如果城市将"小品景观"逐个进行精心设计，经历一番净化，也可以形成各自城市的风格，对城市特色是可以大有增益的。

建筑师的历史使命和建筑观（提要）

当代建筑师的历史使命不仅仅是设计好建筑、规划好城镇、营造好风景园林，更重要的是：积极参与组织社会生活，促进社会进步和社会主义的物质文明、精神文明，为人们创造整洁卫生、环境优美、方便舒适的生产生活环境和推进建筑文化的进步。

要完成好历史赋予的使命，建筑师必须树立建筑的社会观、环境观和文化观。

一、建筑的社会观

• 建筑、城镇、园林的服务对象是人，而人不只是自然的人，还是社会的人。社会是人类生活的共同体。建筑师的活动舞台是社会环境。建筑师的一切实践活动都与社会进步，与人们的利益休戚相关。

• 当前我国在大发展大变革中，出现许多社会问题。这些问题的解决有待于改革的深化。但建筑师在参与组织社会生活、促进社会进步和社会主义的物质文明、精神文明方面是大有作为的。如解决好住房问题，使人们安居乐业。在规划设计中重视文化建设，提高社会文明程度。在规划设计中重视提高城市效能。开辟共享空间、邻里空间，增加人情味。合理利用土地，提高土地利用率等。

二、建筑的环境观

• 建筑、城镇、园林都是有体、有形、有色的空间环境。向往自然和爱美是人类的共性。人类原先生活的环境是自然的，自然的风光是优美的、自然的水是清洁的、自然的空气是新鲜的、自然的生态是平衡的。而生产发展、人口增长、城市化加剧后，大自然受到了人为的破坏。人们为了健康、为了生存，

该文为1991年在浙江省集体建筑业协会成立大会学术讲座中所用的授课提要。

要求"还乡"、"返回大自然"。人类破坏了大自然，但又有能力改造、建设好大自然。建筑师在规划、设计中应力求保护自然，仿效自然，"虽由人作，宛如天开"。为人们创造比大自然更加整洁卫生、环境优美、方便舒适的生产生活环境。当前首先要摆脱"脏、乱、差"的局面。搞好城市绿化，改善生态；讲究规划建筑艺术；重视建筑小品的造型设计等。

• 建筑师设计的建筑、建筑群、城市、村镇、风景园林都应符合美学规律、令人赏心悦目。

三、建筑的文化观

• 建筑、城镇、园林都是人类在社会发展过程中所创造的物质财富和精神财富。这些财富的总和是建筑文化。它们属于人类文化的重要组成部分。

• 文化有地域性、有时代性、有延续性。各地自然条件、经济发展程度不同，城镇规划、建筑、园林也应各具特色，因而建筑文化要反映地方特色。规划设计要与当代经济技术相协调，体现时代感，避免臆造假古董。增强建筑文化的发展意识，不断将建筑文化推向前进。要继承优秀的文化传统。既反对抄袭、反对泥古不化，又要反对隔断历史。要切实保护好建筑文化遗产，古为今用，将保护和更新利用结合起来，把建筑文化遗存视作民族的骄傲、城市的骄傲，并作为进行历史知识和爱国主义教育的珍贵教材，以增强民族凝聚力，激发建设祖国、建设家乡的热忱，化物质为精神力量，再化精神力量为物质。

• 建筑师要完成好历史使命，树立正确的建筑观，需要培养全面的素质，就像梁思成先生要求的那样："建筑师的知识要广博，要有哲学家的头脑，社会学家的眼光，工程师的精确与实践，心理学家的敏感，文学家的洞察力……但最本质的他应当是一个有文化修养的综合艺术家。这就是我要培养的建筑师"。❶

我国风景名胜事业走向新世纪的旅程

21世纪，我中华民族将跻身于世界发达国家的行列。那时，我国风景名胜事业将以现代化的身姿登上历史舞台，并以她多彩绚丽的自然风光和灿烂深厚的文化艺术奉献给全国人民和全人类共享。面临新世纪，我国风景名胜事业充满希望和生机。

今后8年是我国风景名胜事业迈向21世纪的最后里程，是走向希望和光明的关键岁月。由于我国风景名胜事业作为现代化社会文化事业才刚刚起步不久，与美国1882年就成立第一个国家公园黄石公园相比晚了110年，毕竟年幼，要赶上来绝非易事。前途辉煌但历程十分艰辛。然而，正如我国社会主义事业一样，只要善于总结经验，坚持改革开放，吸取世界国家公园的文明成果，把面临新世纪的最后里程走稳走扎实，我们的风景名胜事业必定辉煌。

面临新世纪，今后十年重点要做的工作主要是如下5个方面。

一、认清风景名胜事业前途，把握发展方向

我国随着人们生活温饱问题的解决、小康生活的来临，以及某些经济活跃地区人们业已进入中等发达层次。人们必将逐渐增加对文化娱乐生活的需求，增加风景旅游的愿望。浙江十多年风景旅游事业的发展历程已经充分证明了这一点。伴随着现代工业的发展，城市化加速，森林植被遭破坏仍在继续，在生态环境日益恶化的情景下，人们"返回大自然"的意愿日趋迫切；随着我国国民收入的不断提高，收入提高的群体也在增加，外出旅游的要求在提高；实行五日工作制已为时不远，届时将为风景旅游提供充裕时间；高速交通的发展，时空的缩短，"远足"将变成"郊游"；老龄社会的到来，扩大了旅游者的队伍。

未来我国进入发达社会，风景旅游

文章论述了我国风景名胜区事业面对21世纪今后8年应如何坚持改革开放，吸收借鉴世界国家公园好的经验和成果，把我国风景名胜区事业推向前进。1992年11月在中国风景园林学会学术年会上作了论文交流。

不再只是观光，还有度假、休疗、体育、文化、科学研究等，内容更加丰富多彩。

总之，21世纪风景名胜事业的前途，首先应站在社会经济环境发展的高度来观察去认识。要把握住发展的方向，要认识到它不仅被社会的物质生活需求推上宝座，又为社会的精神生活需求注入多彩的内容。同时，风景名胜事业也是地位越显重要的第三产业，即所谓"风景搭台，旅游导演，经贸唱戏"。它还是我国国土得以保护最好的"绿洲"，其社会效益、经济效益和环境效益是巨大的。

二、把保护好风景名胜资源视为最高的职责

开发风景名胜资源，固然是可以发展旅游事业，丰富人们的物质和精神生活。但是作为风景名胜工作者，开发利用并非最高的职责，最高职责是保护，其次才是开发利用。因为风景名胜资源是不可再生资源，取卵不可杀鸡，留得青山在，才有柴可烧。当今，在这一点认识上并未一致，或者主观认为一致，客观并不一致。

真正保护好风景名胜资源，在未来

8年，以及21世纪，思想观念上要解决风景名胜区与城市公园的根本差别。作为现代形态的风景名胜区，无论是最早出现于美国的黄石公园，还是近十年我国公布的国家级、省级、市县级风景名胜区，均是现代工业化社会的产物，是顺应人们返璞归真、回归大自然、追忆历史的心理和生理需求而建立的。"博大"、"自然"、"原始"、"野趣"、"历史"是风景名胜区的精髓。地域较大，以自然景观为基础成为风景名胜资源的基本特征。而城市公园，虽然也有类似的心理生理需求基础。但它们中多数出身并非"自然环境"，一般较小，多为城市中经过人工雕凿的"虽为人工、宛如天开"的园林，不苛求"博大"、"自然"、"原始"、"野趣"、"历史"，只求幽雅、清心、文化气息，小中见大，难以掩盖其人工的痕迹。因此，用城市公园的观念去对待风景名胜资源，往往导致许许多多建设性的破坏。

我国风景名胜资源类型繁多，特色各异。风景名胜的共性寓于个性之中，个性即特色。保护风景名胜资源应着力于保护资源特色，特色乃风景名胜资源生命之所在。比如同样为山岳型，黄山要着力保护其秀，泰山着力保护其雄，华山着力保护其险，雁荡山着力保护其奇。同样为江河型，漓江要着力保护其

山水之丽，楠溪江要着力保护其质朴的山水田园。这种分门别类，区别不同特色的资源保护，必须建立在对资源的透彻分析和科学合理的规划基础之上。我以为这是本世纪末乃至21世纪资源保护工作的着眼点。

我国风景名胜资源发掘潜力巨大。根据目前社会和经济发展水平、管理制度状况和管理人员素养，我主张暂时以巩固整顿提高为主，先把现有的国家级和省级以及若干市县级风景区的资源保护好、开发利用好。其他除非近期有开发必要和保护能力的，或处于毁坏险境的，一般暂时让其沉睡为好。尤其是交通不发达地区的资源，留待21世纪后期再作开发不迟，免于毁在无知者之手。

三、引导我国风景名胜区迈步纳入 现代化轨道

我国风景名胜区虽具有鲜明的民族传统特色，多数还具有悠久的历史文化内涵。风景名胜区内多有居民杂处，民俗风情绚丽多彩等。但仍不失国外现代国家公园的性质和功能。我国风景名胜区现代化之路必须借鉴于国外国家公园成功的经验。21世纪我国风景名胜区走上现代化之路的主要标志，应是进一步

生态化、个性化、知识化、艺术化、规范化、标准化、系统化。比如：

• 生态化——封山育林卓有成效。

• 个性化——特色和性质鲜明。

• 知识化——给予旅游者的知识不只是停留在神话传说和比拟上，而是较多的地理、地质、动植物、气象、历史、文学等方面的科学文化知识。建立起各色各样的博物馆、科学馆、游人中心、解说牌。

• 艺术化——植物配置、建筑设计和一切人工构筑物都要讲求造型美、环境美。

• 规范化——风景名胜区一切建设活动都要以批准的规划为依据。建立《风景法》和地方风景名胜法规，走依法治景的道路。

• 标准化——国家级、省级风景名胜区各有统一的区徽区旗，风景区入口均有统一的标志，风景区界线均埋界桩。各风景区建设若干不同层次的游人中心。风景区内各种建筑小品、标识统一设计统一样式。国家级、省级风景区

管理人员统一着装。

• 系统化——继续完善风景名胜区体系,建立健全相应的管理机构以及行业性、学术性组织。

四、大力培养人才

面向新世纪的风景名胜事业,最急需的是能胜任的专业人才和专业风景园林设计研究机构。当前许多建设性破坏的发生,不完全是外行瞎指挥之故,不少还是不胜任的专业人员的败笔。风景名胜事业现代化之日必是专业人才济济之时。

五、逐步建立我国风景名胜学科学术体系

比如风景名胜区分类学、规划学、风景植物配置学、风景旅游心理学、风景建筑设计学等。

城市设计概述（提要）

城市设计在我国作为建筑学专业或城市规划专业的一个独立学科出现，才是近十年的新事物。在美国，哈佛大学1960年也才设置城市设计课程。

一、城市设计的定义

1. 定义

城市设计是对城市体型环境所进行的设计。一般指在总体规划指导下，为近期开发建设的建设项目而进行的详细规划和具体设计。

城市设计的任务是为人们各种活动创造出具有一定空间形式的物质环境。内容包括各种建筑、市政设施、园林绿化等方面，必须综合体现社会、经济、城市功能、审美等方面的要求。因此也称为综合环境设计❶。

2. 其他解释

城市设计是城市总体规划与个体建筑设计的中间环节。它的目的，在使城市能够建立良好的"体型秩序"或称"有机秩序"，加强城市的整体性。关键在于如何在空间安排上保证城市各种活动的交织，即更重视城市的规划与设计如何满足居民的集体生活的需要。❷

城市设计是扩大范围的建筑设计，或者是广义的建筑设计。

城市设计是在单个建筑或其他建设项目设计前所必需的人造环境设计。

城市设计并不是一个新的领域，而是一个应该恢复的领域。只是因为过去在概念上的割裂，今天我们不得不使用"城市设计"这一词汇，以免被忽视或丢弃。古代欧洲至19世纪，城市规划与城市设计为同一个词urban design，20世纪初，英国的霍华德在《明日的田园城市》中，基于18世纪、19世纪产业

此授课提要为1993年11月在浙江省县（市）长研究班开设专题讲座前夕所写的讲稿。

❶ 摘自《中国大百科全书》
❷ 摘自《城市规划》1983年第6期，吴良镛教授文。

革命，人口高度聚集、环境污染、城市布局混乱的状态，提出要解决人口分散搞卫星城市，要布局合理搞工业区、住区，要治理环境污染，出现了规划学 urban planning。"二战"后，建筑量大为增加，需要三度空间的实体设计，为区别 planning，而提出 design，所以是"恢复"。城市设计在我国也古已有之，如明清宫殿群，如龙泉衙门前的三思桥，扣心亭的广场组合。

二、城市设计与详细规划的差异

一般的理解，两者在工作环节上处于同一个层次，即在总体规划之后，个体建筑设计之前，都是接受总体规划的指导，都是用来指导建筑设计的。但两者在内涵上有明显差异，主要是：

• 城市设计不仅设计视觉环境，还设计社会环境。

• 城市设计不仅设计物质环境，还设计精神环境。

• 城市设计不仅设计感性环境，还设计理性环境。

• 城市设计不仅设计单一环境，还设计综合环境。

• 全面地理解，城市设计还是多层次的，可以渗透到包括建筑群体，小区（邻里）、社区、街区、旧城、新开发区、城市，乃至一个大区域等多个层次。

三、当今城市设计要则

• 设计好城市整体风貌。

• 设计好城市重要地段的综合环境。

• 组织好社会活动空间。

• 提高城市建筑艺术整体素质，净化城市视觉环境。

• 讲求城市活动效率。

• 改善城市生态环境。

• 搞好古城保护与更新和历史文化名城的城市设计。

当前居住区规划和住宅设计的若干问题

一、要重视提高居住区规划和住宅设计的水平

古今中外，住宅的筑造向来是人类设计的最主要活动。我们中华民族的祖先，在七八千年前的新石器时代，在黄河流域，从黄土地挖洞穴、建草屋开始，就有了住宅建设活动。七八千年来，我们的城乡建设活动主要是住宅，至今仍然还是住宅。住宅面积占各城市建筑总面积的1/2左右，有的甚至更多。把居住区规划好、建设好，把住宅设计好、建设好，就等于把我们的城市建设好了一半或一大半。反之，我们城市就等于有一半或大半没建好。

安居乐业，是人类进入文明社会后，一直是社会稳定的基础。党的十一届三中全会拨乱反正，已纠正了以往"先生产，后生活"的偏差，重视了人民"安居"问题。正因为如此，我们这十年房地产业取得了重大突破，居住水平有了明显提高。然而"安居"问题并没有完全解决，还有一部分住房困难户和特困户，即使有了住房，居住条件还很差。另外住宅建设、居住区建设，不仅是物质文明建设的内容，同时也是精神文明建设的内容；不仅要解决物质的需求，同时要解决精神的需求。物质的需求，要解决有住的地方，要有卫生设备，能够住得下、分得开，要有良好的朝向、日照、通风，使用方便等。精神的需求，要使居住区和住宅给人以舒适感、安全感、愉悦感、亲切感、美感，要求符合人们的心理要求和审美情趣。

住宅、居住区又是人们"8小时以外"的主要生活场所，对某些退休老人和儿童而言，甚至是24小时的生活场所。精神的需求还应包括人们从中获得社会的温暖，从社会中取得彼此的爱护。所以联合国曾定1987年为"国际住房年"，借此以唤起各国对住房问题的重视，当年世界建协主席斯托伊洛夫在

文章系1993年11月在开设浙江省县（市）长研究班专题讲座前夕所写的讲稿。

建协会议上说："建设一个住房和城市，意味着建设一个家庭，建设一个国家，建设一种文化"，把住宅建设放到一个相当高的社会高度。

不能不承认我们的住宅建设在社会性方面存在着严重的问题，邻里之间"鸡犬之声相闻，老死不相往来"的社会现象有所发展，使社会性的人的社会属性，由于居住区规划和住宅设计重视了私密性，忽视了社会性，使人类活动人为地分割而减弱了。国外反对建造高层住宅，就是因为高层建筑在社会性方面存在难以克服的问题，助长犯罪率的上升，而且高层住宅把人的视点抬得很高，破坏了生态关系，还助长心脏病发病率。由于住房问题的重要地位，一些发达国家和地区均十分关注住房建设，战后的西德、日本、香港地区、新加坡等无不如此。

各级规划设计单位的领导要高度重视，把居住区的规划和住宅设计放到重要的位置上。可以说目前居住区规划和住宅设计还没有足够的重视，没有让一流的规划师、建筑师投入居住区规划和住宅设计。历史上自从有职业建筑师开始，都是从住宅设计开始。现代建筑大师，也是从住宅设计开始的。马赛公寓、流水别墅，都是世界第一代建筑大师的代表作。而当今建筑师中不少人对住宅不屑一顾，只热衷于大型公共建筑的创作。没有一流规划师、建筑师的智慧的注入，怎么能提高居住区规划和住宅设计水平呢？规划设计院、室是如何对待你们的居住区规划和住宅设计的，是值得思索的问题。

二、居住区规划中值得改进的几个问题

1. 更科学地利用土地，尽可能保证日照间距

我省城市用地是很紧张的，科学利用显得格外重要。现在看来，城市用地还有潜力可挖。国家规定的日照间距全省多数未能达到，我们应尽力达到。只要在居住区规划中深入探索，在用地面积不变的前提下，还有把间距拉大一点的可能。譬如有的住宅过短，尤其是后排住宅过短，住宅侧面的空地有的还可以利用。在欧洲，有的住宅是很长的，在北京也有百多公尺长的。当然不是要求建成一道墙，不是不要通风，而是要通过规划和设计的艺术处理，合理的布局，通过长短高低搭配，使之感觉上不长，也不妨碍通风。

2. 改变空间环境和建筑艺术过于单一呆板的现象

我省居住区的住宅形体不外乎条式、点式，多层，少量高层、低层。布局多为行列式，空间围合效果注意很少，未显规划空间意识。住宅建筑造型总体上创新的很少。因而空间环境和建筑艺术比较单一、呆板，有的甚至杂乱无章。同一个小区，同一个住宅组团，同一个公司同期开发建设，有几种住宅样式，几种色彩，有不同阳台，不同檐口，而没有发挥综合开发的优势。住宅设计要在统一中求变化，包括门牌、标记，都应讲究形式的统一，不允许在住宅墙面上乱涂乱写。

3. 居住区绿化要精心规划设计

全省居住区绿化，杭州的较好，如采荷小区；镇海石化公司生活区、湖州几个小区也好；其他多数不好。有的居住区的住宅建设还可以，可惜绿化太差，档次很低。有人认为绿化很简单，多种树即可，因而事先无规划设计，结果绿地被廉价的苗木所充斥，如广玉兰、龙柏、满目皆是。居住区绿化的最基本功能要求是冬天不挡阳光，夏天能遮阴，而广玉兰、龙柏是常绿树，小树冠，冬天挡了阳光，夏天又不足以遮阴。居住区临窗的乔木应以落叶为主。同时居住区的植物配置要讲求居住区空间环境的围合和艺术观赏效果。什么地方种草皮，什么地方种灌木，什么地方种乔木，围合成一个何种形态的空间，如何配置，叶色、花色又如何搭配，都要经过绿化专业人员的精心规划设计。

4. 创造多层次的共享空间

居住区的一切空间都是生活空间，甚至道路，除了交通功能外，也是生活空间。但是这些生活空间不是被小围墙划为家庭小院，就是畅通得谁都能享用又谁都不能享用的过于公共的空间，没有最有效地发挥居住区空间增进社会交往的效用。所以，要创造一些不同层次的共享空间。共享的范围应该是有限的，有限的才能真正共享，无限的谁也不能共享。而这样的居住区共享空间太少了。结合房前、屋后的绿化、道路，创造一些小范围的共享空间，使单元范围内的邻里之间有一个接触的空间。在住宅组团里，可以搞一个十几平方米的儿童游戏场，属这一组邻里的共享空间。而居住小区公园是小区范围邻里的共享空间。老宅院里邻里关系比较融洽，而单元式住宅的邻里关系比较淡漠，其原因就是一个共享空间问题。在国外，对共享空间十分重视，也非常之丰富。希望今后居住区规划在创造共享空间方面有所突破，这是我们这一代居住区建设者和规划师的社会责任。

5. 尝试有条件时将公共建筑集中布局

习惯上，公共建筑是分散的。北京的方庄就作了一个公共建筑集中布局的小区尝试。在香港，土地紧张，新居住区全部公共建筑集中成一团，住宅围绕其周围，让出了土地，扩大了空间。公共建筑屋顶搞绿地。当然，香港生活水平比较高，能够完全集中、全空调。我们可尝试相对集中布局。

三、住宅设计中值得探索的领域

1. 住宅类型

由于社会生活水平的提高，住宅类型必然相应发生变化，尤其是大面积住宅的出现，这类住宅一般可达4～5个卧室。若是守住单元式不放，势将因过道长而浪费面积，而且也不便于两代人或

主从分层，可否搞跃层式住宅? 国外跃层式住宅的出现也是伴随社会经济发展而来的。在经济发达地区，农民建房都搞独立式，面积越来越大，我认为应对其类型和面积加以控制，但住宅规划设计要合理，住宅设计标准可提高。低层高密度建筑仍可尝试。

大厅小室已在推广，平面设计尚可探索。

2. 住宅的空间利用

目前我省住宅的空间利用处于低水平状态。电视台播放的住宅先进设计，空间利用率极高，平面利用系数甚至高达100%还多。

3. 要重视住宅的细部的设计

如门窗的位置、厨房的布置、水池的位置、煤气灶台、排烟罩、吊橱、阳台的高度、卫生间的布置等，如何运用行为科学，最大限度地符合人体需求。

顶层和底层住宅设计如何突破，使其增加吸引力。

顶层可否设计坡顶和阁楼，搞小平台。底层也要给优惠，如给宅前的绿地等。

4. 设计方法和建设体制要及时改革

目前设计方法和建设体制的改革落后于社会的需求，住宅设计的方法，笔者以为荷兰从50年代开始的SAR设计体系可能是我们的发展方向。他们把住宅设计分成框架设计和室内设计两个阶段。框架由工程建设者完成，室内的布置和装修由居住者完成。但目前完全按SAR体系，我国的居住水平普遍还没有达到。因为我们尚不可能完全搞框架结构，主要还是混合结构，但可否先把装修分离出来，是值得研究的。当前住户进住之前，普遍将原粉饰剥离，敲敲打打重新装修，造成严重的社会浪费。当然与设计方法改革配套，建设体制也要相应改革。

5. 住宅设计如何更具人情味

在有、无问题解决之后，人们必然会在精神上有所追求。其中最基本的一项就是希望自己的住宅不是一个装人的容器，要令人生活于其中而感到可亲可爱，要有人情味，建筑造型坡屋顶要比平屋顶有人情味，因为住宅要从一开始就是坡屋顶，人类习惯于坡屋顶。浙江是丘陵地区，坡屋顶不仅具有人情味，而且与自然环境比较和谐。在欧洲，房子多是坡屋顶。另外，住宅尺度要宜人，不宜过大。

6. 住宅的必要的配套要重视

如防盗门、猫眼、门铃、门牌等。

美国国家公园考察报告

清华建筑学人文库
胡理琛文集

1997年9月，由本人带队的考察团前往美国考察访问，此文系该年12月本人与谢永明先生代表考察团撰写的向省建设厅的报告，并发往风景名胜区各有关单位参考。

为学习美国国家公园在资源保护、规划建设和管理等方面的先进经验，经国家建设部推荐，应美国格兰国际中心教育与交流机构的邀请，浙江省赴美国国家公园考察团一行十人，于1997年9月11日至25日在美国进行了为期十四天的考察访问。

考察团考察访问了美国黄石国家公园（Yellow Stone National Park）、大蒂顿国家公园（Grand Teton National Park）、石安国家公园（Zion National Park）、布莱斯峡谷国家公园（Bryce Canyon National Park）、葛底斯堡国家军事公园（Gettysburg National Military Park）、珍珠港（Pearl Harbor）、自由女神铜像国家纪念碑（又称"自由照耀世界"Liberty Enlightening the World）、林肯纪念堂（Lincoln Memorial）、杰斐逊纪念堂（Jefferson Memorial）、罗斯福纪念公园（Roosevelt Memorial Park）、华盛顿纪念碑（Washington Monument）、独立宫（Independence Hall）等国立国家公园，以及尼亚加拉大瀑布（Niagara Falls）、大风口（Pali Lookout）等州立国家公园，并且对夏威夷、纽约、华盛顿、洛杉矶、旧金山、水牛城、盐湖城、瀑布城等城市的建筑和园林绿化进行了研究。

通过考察访问，不仅使大家增长了知识，开阔了眼界，而且感受到美国在国家公园的设立、资源保护、规划建设和管理方面都有许多经验，值得我们借鉴。

一、美国国家公园的建立及其系统的形成

美国是世界上建国历史比较短的国家之一，仅二百多年，却是世界上国家公园历史最悠久的国家。早在1864年，林肯总统就签署了一项文告，宣布将约塞米蒂峡谷（Yosemite Valley）2590公

顷的地带及其南面56公里远的一块259公顷的红杉树林，让给加利福尼亚州，作为公共游乐消遣之用。当时这块土地就成了一个州立公园，形成了美国国家公园最早的雏形。到1872年，美国国会正式通过了设立国家公园的法案，并建立了第一个国立国家公园，即黄石国家公园。它位于怀俄明州（Wyoming）西北，同蒙大拿州（Montana）和爱达荷州（Idaho）交界，是一处以温泉和喷泉为主要特征的自然风景地。1916年8月，美国国会又签署法令，"要把国家公园内的天然风景、自然变迁遗迹、野生动物和历史古迹，按原有环境保护起来，使之不仅提供当代人们享用，而且使其不受损伤地提供世代人们享用"。由此确立了美国国家公园工作的指导思想，在严格的自然保护前提下，在一定的环境容量内，进行科学管理，供旅游、娱乐、科学研究和科学普及等活动。这种国家天然公园，是与城市公园和花园是完全不同的。到目前为止，美国已经建立国家自然公园48处，面积189652平方公里，占国土面积的2.025%。

随着国家自然公园的建立，美国又把一些具有历史纪念意义的地方开辟为国家历史公园（National Historical Park），一些游览地区开辟为国家娱乐区（National Recreation Area）。所有这些都包括在国家公园系统内。所以，美国的国家公园体系，同我国的国家重点风景名胜区体系基本上是一样的。目前，这个系统已建有：国家自然公园48个，面积189652平方公里；国家历史公园26个，面积608平方公里；国家游乐区17个，面积14808平方公里；其他242个，面积114717.467平方公里。国家公园系统合计有333处，面积319785.467平方公里，占美国国土面积的3.41%。

二、美国国家公园的管理体制及机构职能

1. 美国国家公园管理局的分布

美国国家公园具有健全的管理体制。早在1916年，美国国会就签署法令，在内政部下设国家公园管理局，其主要职能是从事为国家提供立法和宏观决策、开发和收集、管理情报资料等工作。

国家公园管理局对全美的自然资源和文化资源的发展和规划、公园经费及管理实行统一领导。为了加强对地区的领导，全国设立了十个地区局，即首

都地区局（华盛顿）、北大西洋地区局（波士顿）、中大西洋地区局（费城）、西部地区局（旧金山）、西南部地区局（圣菲）、洛杉矶地区局（丹佛）、太平洋地区局（西雅图）、中西部地区局（奥马哈）、东南部地区局（亚特兰大）和阿拉斯加地区局（安科雷奇）。这些地区局分片管理该地区范围内的国家公园系统。每个国家公园均设有管理处，由此构成中央、地区与基层三级管理机构组成的国家公园管理体系。需要特别说明的是，这三级管理机构是垂直领导的，它们同所在州或市的政府机构是相对独立的。国家公园系统不包括城市公园，后者是由当地政府管辖的。

2. 美国国家公园管理局的职能主要有以下几个方面

a.自然资源的管理——大气与水环境质量保护、特别科学项目研究、能源、采矿和矿产、生物资源等管理；

b.文化资源的管理——文化资源的保护和考古等工作；

c.公园发展与规划管理——环境评定、土地资源和娱乐资源管理、公园规划、特别研究项目和合作等；

d.公园经营管理——游人服务、工程、租借地和环境卫生管理等；

e.情报资料收集、数据系统管理以及人才培训。

此外，还设有宣传、维修、游客接待及保卫、国际交流等职能。

美国国家公园的一些商业性活动，如旅馆、餐厅、商店、娱乐项目等，都是私人资本租赁经营的，向国家公园交纳地租费和管理费。设在公园范围内的经营性行业由公园统一规划安排，但公园不直接经营。

国家公园的经费有固定来源，即由国家公园管理局直接拨款，公园自身收入上交国家财政。

国家公园的负责人由国家公园管理局任命，内部工作人员采取聘任和调配。国家公园系统目前有九千名固定职工，定员编制很少，但很精干，80%以上是大学毕业生，有地质、生态、动物、考古、经济地理、园艺、林业、建筑、规划等方面的中高级人才。全美国家公园的工作人员穿全国统一服装，佩戴统一臂章与帽徽，值勤人员配有报话机和手枪。特别值得一提的是，在美国，有大批的志愿人员参与国家公园工作。他们一般在旅游旺季，根据自己的兴趣爱好，志愿到公园服务，不取报酬。这些人大都是退休人员与假期中的学生。

三、国家公园的规划管理

美国国家公园的规划设计工作，是在国家公园管理局直接领导下进行的。通常由地区局的设计机构具体负责规划设计工作，公园基层的设计人员一起参加。另外再组织群众讨论，吸收意见后，才确定方案。如约塞米蒂国家公园（Yosemite National Park）的规划于1975年召开了40次讨论会，提出了6万条意见，收到了两万封群众来信，然后由规划设计人员综合几种方案，送上级审批。

美国国家公园的管理也是非常严格的。凡在国家公园内，不准建造高层的、大体量的高级旅馆、餐馆与商场，更不能建造集中的旅游城镇，只许建一些小型的、分散的旅游设施。而且这些设施色彩淡雅朴素，与自然风景环境相协调。在国家公园内，严格禁止设置任何工业、农业的生产用房和仓库，没有农庄、牧场和耕地。有的公园自身设有污水处理设备，垃圾和废物每天清除运走，到别处填埋。通讯电缆都埋在地下，以免破坏视觉景观环境。公园里的森林、树木、草原等都听其自生自灭，不得采伐利用。枯树任其倒伏腐朽。我们在黄石公园看到被1988年那场大火烧过的成片成片枯死的树林都还挺立或躺在原处，火场没有丝毫清理。公园里的野生动物自由繁衍生息，不许狩猎与喂食。除了科学研究特别准许者外，土壤、岩石、矿物和动植物不准采集携出公园。

四、美国国家公园建设与管理的主要经验

1. 良好的自然和社会环境为国家公园的建设和管理创造了条件

美国疆土辽阔，国土面积与我国相近，但是人口不足3亿，因此，在考察中发现，美国的国家公园，特别是自然型的国家公园都处在人烟稀少的地区，附近没有村庄农居，更没有厂矿企业，因此，自然环境非常清新幽静。国家确定设立国家公园后，就可以依据国家公园管理的法规对其实行有效地建设和管理。而我国的风景名胜区不仅和村镇犬牙交错，而且区内还有许多归属各个系统、各个部门的单位，情况错综复杂。尽管我们也有风景名胜区管理的法规，但一牵涉到土地权属、居民建房、人员安置、厂矿搬迁等问题，依目前政府的

财力而言，解决起来异常困难。特别是部门之间的不协调所带来的各自为政，政出多门的扯皮现象，给风景名胜区的保护、建设和管理工作带来了严重的困难，因此，两国的国情不同。学习美国国家公园工作中能够为我所用的成功经验，结合我国国情，努力探索我国我省风景名胜区工作的路子，才能把我省的风景名胜区工作搞好。

2. 顺畅的管理体制和健全的组织机构是搞好国家公园的根本保证

美国的国家公园管理实行垂直领导，即由设立在内政部的国家公园管理局，通过其直属的地区分局对国家公园实行直接领导，相对独立。这种体制，使美国的国家公园体系形成了一个高度统一的整体，使得国家对国家公园工作的方针、政策能够在每一个国家公园得到不折不扣的实施，也能使全国的国家公园能够有一个鲜明而统一的对外形象。同时，由于脱离当地政府相对独立，可以克服因局部或者是短期利益而可能产生的破坏资源、掠夺性开发等短期行为的发生。美国的国家公园管理还是高度统一的管理，这不仅表现在其自身是垂直领导的管理体制，还表现在他们的国家公园管理是完全排他的，

即在每一个具体的国家公园，除了国家公园管理处外，在这一个区域内再没有其他的管理机构。不管是区内的文物、森林、野生动物、江河湖泊还是商业交通等，都是由国家公园管理部门统一管理的，别的部门都不再插手管理。因此，国家公园的管理机构在管理时得心应手，不像我国的风景名胜区，各项业务由各个不同的部门管理，部门利益各不相同，工作的出发点也不一样，由此产生许多扯皮现象，无端增加许多人为的工作难度，同时也使国家确定的风景名胜区必须实施统一管理的工作方针无法得到落实。可见，美国在国家公园的管理体制和组织机构方面的经验，尤其值得我们借鉴和学习。对此，许多有识之士多年前就提出过建议，采取类似于美国国家公园的管理体制，但因各种原因，一直没有实现。我们希望随着社会的进步，和我国改革的进一步深化，最终能够解决这一个问题。

3. 国家公园的保护、建设和管理有稳定的资金渠道

美国国家公园的保护、规划、建设和管理的经费，都由联邦政府直接拨款。而公园的收入却上缴财政：管理人员享受国家公务人员的待遇。这样就使

国家公园的保护、规划、建设和管理有了稳定的资金来源，从而避免了国家公园急功近利行为的发生。

与之相比，我国的风景名胜区工作一直都为基金严重短缺所困扰。虽然国家、省财政也设法为风景名胜区安排一定的资金，但其余的资金全靠当地政府或风景名胜区自筹解决，而由于我国的风景名胜区事业起步很晚，资源保护、基础设施和景区景点开发建设需要投入大量的资金，财政拨款无异于杯水车薪，加上风景名胜区大多处于老少边穷地区，当地财政本身就非常紧张，无力对风景名胜区投入资金，风景名胜区保护、建设和管理工作举步维艰。但是各级政府对风景名胜区旅游业的发展却又是颇有认识的，因为它在带动当地社会经济发展方面能起到重要作用，因而千方百计要加以开发利用。在这种情况下，往往会发生只要能引进资金、引进项目，就不管项目是否适合风景名胜区自然风貌而盲目引进，以致破坏资源、影响风景环境等一系列不良行为的发生；更有甚者，还出让风景名胜区资源和景区土地，把风景名胜区作为一般的开发对象对待，甚至滥加开发和利用，留下无尽的遗憾；某些风景名胜区为了维持日常开支，竟以增加经济收入为主要目的，急功近利，盲目上项目，让一些低级、庸俗的项目进入景区，影响所及，令人担忧。我们希望，随着我国经济体制改革的不断深入和将来国家财政状况的好转，应该对目前这种投资体制作出必要的改革。

4. 在国家公园的具体工作中有许多成功的经验

（1）美国的国家公园体系除了级别系统外还有类别系统，即将国家公园划分为自然、历史、军事遗址等许多类型。不同类型的国家公园，规划建设的指导思想也完全不同。如布莱斯峡谷国家公园，类似于我国张家界风景名胜区，是纯自然的峡谷峰林景观。美国对于这种公园，就尽可能保持其自然状态：除了观景台上围了一圈用粗木条搭成的护栏外，别无其他任何设施，就连游览步道也是土路。黄石公园也是以自然温泉、喷泉为主要景观的一个国家公园，范围九千余平方公里，因此修筑了景区内的交通干道，一般的游览道则是以木板铺成的（因温泉密布，为防有人失足而遭遇险情）；由于这个公园远离市镇，为此也设置了一些必备的生活设施，然而这些设施是非常简单的，体量都不大，层高也控制在二层以内，基本上都是木结构、坡屋顶，和自然环境非常协调。而对于那些以文化景观为特色的国家公园，则充分发掘其人文资源，做足了文章。如珍珠港国家历史公园，是以二次世界大战的珍珠港事件而举世闻名的。虽然这里仍是美国海军第七舰队的司令部所在地，但除了军事禁区外，都对外开放，委托国家公园管理局管理。他们设立了展览馆，陈列了许多有关这一事件的史料和实物，有亚利桑那号战舰被炸毁前后的模型、海军战士的遗物等，特别是陈列了由日本军方提供的当时日军的一些有关这一事件的史料照片，使人们对这一事件有了非常清晰的了解。纪念全体阵亡将士的纪念馆则别出心裁地建在被炸沉的亚利桑那号战舰残体上，纪念馆与舰体成"十"字形垂直交叉，含有西方宗教色彩；建筑两头翘起，中间凹下，表示两次大战中，美军与日军交战，先胜后败，最终取得胜利的历史过程；整个建筑中部的墙面和顶棚开有21个窗洞，具有21响礼炮的意义，表示了对全体阵亡将士最崇高的敬意。整个纪念馆体量不大，造价也不高，但含义深刻，极有文化品位。南北战争遗址公园则又是另一类以人文景观为主体的国家公园。公园建立在当年南北战争的一个主战场遗址上，昔日的古战场现在是一望无际碧绿的芳草，许许多多的人物雕塑、碑刻、火炮等静静地伫立在芳草地上，加上按昔日的情景设置的战壕、木栅等，使人仿佛回到了当年的烽火岁月。

（2）美国的国家公园标准化水平很高。考察中，我们发现，全美的国家公园都有一个标准统一的区徽和区旗，设置在各个公园的入口、游人中心等主要场所。使人一见到这些标志，就知道到了这是国家公园，形象非常鲜明。国家公园工作人员的服装也是全国统一的，使人一目了然。在国家公园内，遇到什么困难，可以方便地找到他们，以求得帮助。国家公园内的标志牌、说明牌等小品也是统一标准的，不仅标准，而且新颖美观简洁。特别值得一提的是美国的每一个国家公园，都建有游人中心，它的主要功能是向游人介绍公园的基本情况，包括公园的成立时间、面积、主要的景观和成因、动植物以及公园的各项设施等，以方便游人。游人中心还根据各自的不同情况，有的还设有邮政、银行、书店和商店，有的还和公园的纪念馆、展览馆等结合在一起。

（3）美国的国家公园建设，特别是自然类的国家公园，尽可能地保持公园的自然状态，因此，其所有的建设项目都力求量少体小，和自然环境相融合。公园的入口，不管公园面积有多大，都是非常小巧的，没有我国风景名胜区经常出现的大牌坊、大门楼。入口标志物的用材也很普通，通常是用没有去皮的原木构筑的，造型非常简洁，但显得庄重、典雅。公园里的厕所、小书店、小商店等，也是量小体巧，用木、石、树皮、茅草等自然材料建造的；一些景观平台、护栏、座凳、指示牌等小品，也都取用做原始的材料，虽然简单，但非常精到。相对来讲，游人中心和服务接待设施是国家公园里体量最大的建筑物，但由于美国对国家公园的人工设施建设有很严格的限制，所以这些设施的实际体量还是很小的，层次都在两层以内，一般都是坡屋顶，用材是就地取材，色彩素雅，因此，与自然环境非常协调。总之，美国的国家公园，对公园里的一切人工设施都力求做到精益求精，就连垃圾箱、路灯、音箱这些最细微的东西也一样对待，华盛顿罗斯福纪念公园内的垃圾箱就是用整块的花岗岩雕空制成的，立在草地边，既整洁又美观。华盛顿白宫草坪上的音箱，也是置身于雕空后方块形的花岗岩中，隐于地被植物之内，曼妙柔美的音乐若有若无地飘入耳际，形成了良好的环境氛围。

（4）美国的国家公园非常重视方便游人。一切公共场所，只要有上台阶的地方，都设有专供残疾人通行的平缓通道。在各个场所，如防止路滑等警示、说明标志非常明确，导游地图牌上，游人目前所处的位置也标示得一清二楚。为方便游人，公园里还设有很多免费饮水处，只要一揿按钮，可饮用的自来水就会喷涌而出；饮用时，既方便又卫生。为方便游人游览，各国家公园的游人中心和其他游人集中的地方，都有介绍国家公园的导游，说明图册免费提供给游人，任人取用。

（5）美国的国家公园十分重视对游人进行科学和文化知识的教育。首先，建立国家公园的目的就是为了保护优美的自然景观和优秀的历史文化，使之永远留存，对民众进行科学和文化知识的教育。因此，国家公园十分重视突出科学性和文化性，介绍国家公园也主要是介绍其自然景观的成因、历史文化知识的内涵、动植物的种类和特性以及其他的科学文化知识。其次，非常重视对国家公园工作人员和导游人员的素质教育。在考察中，我们发现，国家公园的工作人员，不仅是管理者，更是教育者，他们对自己所在的公园情况非常了解，具有丰富的知识，讲解生动有趣。更难能可贵的是一些社会上的导游，虽然他们不直接从事国家公园的工作，但对国家公园的情况也同样熟悉，从美国国家公园的历史，到具体一个国家公园的建立、再到这个国家公园的景观特征、各种自然景观的成因和人文历史景观的背景，讲解起来如数家珍，这同我国的一些导游人员要么一知半解，要么胡编乱造，或者是满口神仙、妖怪、猴子、乌龟的庸俗导游相比，文化素养实在是要高出许多。

五、对今后我省风景名胜区工作的几点建议

通过考察，我们认为，美国是世界上国家公园历史最悠久、管理水平最高的国家，其在国家公园的保护、规划、建设和管理工作中有许多值得我们学习和借鉴的先进经验，然而，由于国情不同，有许多的经验和做法一时我们还无法照搬照抄，但是有些现在就可以学习和借鉴。为了提高我省风景名胜区的工作水平，实现的我省风景名胜区的跨世纪发展战略，特提出如下建议。

1. 继续加强对风景名胜资源的保护工作

尽管我们在以前的工作中也非常强调要把保护风景名胜资源作为风景名胜区工作的首要任务，但是在实际工作中，往往有迁就眼前利益而对资源保护有所松懈甚至破坏资源的情况发生。就算自己认为资源保护工作做得比较好的风景名胜区，同美国的国家公园相比，在这方面也逊色很多，具体表现在：一是风景名胜区的人工建筑物太多、体量太大；二是风景名胜区的景点建设和基础设施建设人工雕琢的痕迹太多，绿化欠自然，城市公园味较重；三是对风景名胜区的自然环境和地貌保护重视不够；四是存在一些不适合在风景名胜区建设或开展的项目和活动。因此，在以后的工作中还要继续加强对风景名胜区的资源保护，认真宣传风景名胜区工作的根本目的和保护自然文化遗产的重要性，贯彻落实"严格保护、统一管理、合理开发、永续利用"的风景名胜区工作方针，把资源保护工作作为风景名胜区一切工作的重中之重，把自然界和人类社会遗留给我们的珍贵的自然和历史文化遗产传给我们的子孙后代。

2. 进一步加强风景名胜区的规划设计工作

美国的国家公园非常重视规划设计工作，不仅有总体规划、实施规划，而且对每一个建设项目都有正规的设计，甚至是一块小小的路牌也是经过慎重的设

计精心制作的。与之相比，我们的风景名胜区虽然基本上都有总体规划，但有许多风景名胜区在具体实施过程中，不重视详细规划和项目设计，有的不经过详细规划就直接上项目，有的建设项目不经过设计就土法上马，或者是规划和设计的水平很差，致使风景名胜区的建设水平不高，甚至还破坏了风景景观和环境。因此，我们要在加快人才培养的基础上，进一步重视风景名胜区的规划设计工作，建一个成一个，多出精品。

3. 加快我省风景名胜区规范化进程

美国国家公园的规范化给我们留下了非常深刻的印象，它有利于树立国家公园对社会公众的形象，有利于提高国家公园的管理水平。因此，我们要进一步贯彻全省第四次风景名胜区工作会议精神，加快我省风景名胜区的规范化进程。具体地讲，一是要尽快设立我省国家级风景名胜区的入口标志物，悬挂全国统一的国家级风景名胜区区徽，并在有人集中的公共场所悬挂区徽，形成国家级风景名胜区的形象识别系统；二要尽快制定我省省级风景名胜区的区徽，设置入口标志物、悬挂区徽，形成省级风景名胜区的形象识别系统；三要尽快统一国家级和省级风景名胜区工作人员的着装、统一服装、统一臂章、统一编号，改善风景名胜区工作人员的仪表和形象，也便于公众对其实行监督；四要规范统一风景名胜区的导游牌、说明牌、指路牌等小品，使之整齐、质朴、典雅。

4. 充实与提高风景名胜区的科学内涵

美国的国家公园，除了欣赏自然景观外，还有大量知识性的宣传内容，包括历史的沿革、文化的发展、科学的纪实，通过图片、实物、模型、幻灯录像等手段，对游人进行科普与文化历史的教育。在国家公园，人们不仅可以欣赏大自然的美景，在精神上得到调节，而且对各类游人，包括老人、青年学生，都可以得到一种知识与力量，这对提高民族文化的信念和科学知识水平能起到很好的效果。因此，我们的风景名胜区也迫切需要建立各自的游人中心，使之成为游人了解、认识风景名胜区的窗口。

借国外先进经验　促我省名城工作

清华建筑学人文库　胡理琛文集

该文系1997年11月作者在浙江省历史文化名城工作座谈会上的讲话摘要。主要针对我省历史文化名城工作令人忧虑的问题，借鉴国外先进经验，论述了七个方面的问题：对名城作用的认识，树立"城"的概念，保护名城传统风貌，古文化与新文化的关系，绿化的特殊作用，名城如何保持活力，旧城改造与土地利用关系。

我国自1982年始重视历史文化名城工作，至今，全国已批准公布的国家级历史文化名城99个，其中我省5个：杭州、绍兴、宁波、衢州、临海。此外，我省又批准公布了省级历史文化名城6个：温州、湖州、金华、东阳、余姚、舟山；另批准名镇15个。

名城工作16年取得了令人瞩目的成就，同时也留下许多不可挽救的遗憾和令人忧虑的问题。今天我结合以往考察德国、意大利、法国、希腊等国的体会，就如何借取外国先进经验，促进我省名城工作讲七个方面的问题。

一、对于历史文化名城作用（或功能）的认识深度问题

据我接触了解，当前对名城作用（或功能）的认识深度存有三个层次：认为名城工作做好了，可以提高城市的知名度、利于发展旅游业，即所谓"名城效应"，绝大多数领导具备这样的认识，这是第一层次。认为名城保护的对象应包括各级文物保护单位、具有历史文化价值的建筑和街区，认识到这些是祖先留传下来的一份珍贵遗产，她们凝聚着不同时代的文化精华，是劳动人民智慧和创造力的结晶，我们这一代有责任把这一份遗产保护好、管理好，这是第二层次。对于这一层次的认识，多数领导也基本具备。除了前两个认识层次外，我认为还应具备而目前多数干部尚不具备的更深层次的认识，即第三层次的认识。我借用德国累根斯堡市市长一句耐人寻味的话："单单从经济和文物保护的角度看古城区的功能还不够，1.6平方公里的古城仅仅占我市面积的1/50，然而市民的意识是，这个古城才是累根斯堡市的象征！"他们把古城区与民族历史联系在一起，与民族的文化渊源联系在一起，把历史文化遗存视作民族的象征。而我们把整个城市冠以历史文化名城称号，严格地讲，衢州3平

方公里的古城才称得上衢州历史文化名城，而不是100平方公里的衢州市区。绍兴历史文化名城的主体也是7.78平方公里的古城而不是101平方公里的绍兴市区。10平方公里+60平方公里共70平方公里的杭州古城（包括西湖60平方公里）才是历史文化名城，而不是现在683平方公里的市区范围。这些古城区才是衢州的象征、绍兴的象征、杭州的象征。"二战"战败后的德国，在极度困苦的条件下按照原样恢复了古香古色的城市风貌，现在无论从莱茵河畔眺望，或是在街头巷尾游览观光，还是从空中俯瞰整个德国城市，仍然呈现出一派中世纪的风采。德国还非常重视对名人故居的保护，特里尔市的马克思故居从三十年代一直完好地保存至今，市民们认为马克思是一位杰出的科学家，是特里尔的骄傲。

德国不仅总体上保持着历史文化风貌，同时又是一个极现代化的国度。事实证明，古城保护与经济发展没有根本矛盾，相反，保护好古城能增强民族凝聚力，激发民族自豪感，进而精神变物质，使整个民族迸发出将国家推向前进的驱动力，这是一种无形的力量，而且是巨大的力量。日本同样如此。我国大跃进和"文化大革命"严重破坏了历史文化遗存，最终导致民族文化的巨大折

损和退逆，对生产力是一大破坏。

因此，要把名城工作与民族前途联系起来，只有尊重自己光荣历史和文化传统的民族才能建设美好的未来。

二、名城要树立一个"城"的观念

顾名思义，名城保护的主体是"城"，而非文保单位简单之和。这个"城"指的是具有历史文化价值的"城"，是一个容纳众多文保单位和非文保单位的大环境。追溯国际上对历史文化名城保护的共识，有1987年的《保护历史城镇与城区宪章》或称《华盛顿宪章》、1976年的《内罗毕建议》（《关于历史地区的保护及其当代作用的建议》）、1964年《威尼斯宪章》（全称《保护文物建筑及历史地段的国际宪章》）。其中《华盛顿宪章》描述道："本宪章涉及历史地区，不论大小，其中包括城市、城镇以及历史中心或居住区，也包括其自然的和人造的环境。除了它们的历史文献作用之外。这些地区体现着传统的城市文化价值。"外国对古城区，对历史文化地区整个环境的保护极其重视，城市本身就是一本史书，如古城罗马、威尼斯、佛罗伦萨、巴黎等至今保存完好。

目前，文保单位的保护情况相对好一些，问题最大的是"城"，造成名城面目不尽如人意，甚至面目全非，关键是没有正确理解"城"的含义和保护"城"的意义。我省历史文化名城的"城"，我个人认为，主要应该界定在清末民初古城墙范围以内较妥，因为在这个范围积淀了该城市在漫长的不同历史时期的深厚文化，它的格局、街巷、民居、民风习俗都渗透着丰富的历史文化内涵，是当时社会生产生活方式、科学技术水平的综合反映。古城区内的遗存如我省龙泉市古衙门前的扪心亭、三思桥，具备极高的历史文化价值。杭州应限制在西湖和十座古城门（钱塘、涌金、清波、凤山、候潮、望江、清泰、庆春、艮山、武林）的门址范围之内。杭州古城区是自隋开皇十一年（591年）始建城，积淀了1400多年的历史文化，尤其吴越、南宋两代建都，她的城市构局结构、城市街名、地名、名人故居，三面云山一面城的古城区与西湖的空间关系，西湖本身的空间形态结构，还有名江、名河、名山、名湖、名林、名园、名寺。西湖极为丰富的历史文化积淀均是我国传统文化的瑰宝。古城这范围一般较小，保护工作难度相对可减轻一些。因此，在城市建设的规划、建设、管理等各个阶段，都应树立"城"的观念。

如何保护好古城区，体现"城"这一主体：

（1）旧城改造应持谨慎态度。梁思成先生50年代奋力保护北京古城，他认为北京古城的价值不仅在于个别建筑类型、个别艺术杰作，最重要的还在于各个建筑物的配合，全部部署的庄严秩序，在于它所形成的宏伟而美丽的整体环境，而且这一整体环境是世界上任何一个城市都无法比拟的，提出建新城保古城。其结果众所周知。建新城保古城是欧洲最基本的保护模式。巴黎在古城以西兴建德方斯新区，并通过新老凯旋门之间的对话，加强历史与现代5个新城、9个副中心的沟通，使两个产生于不同历史时期的主体在同一时空下和谐共处。法兰克福也在古城区外围建新城。我国苏州也采取这种方法实施名城保护，并已取得了一定的效果。我省绍兴原先规划也是建新城保古城，后来在实施中走了样，令人遗憾。现在有些名城，无视名城的价值，乱提旧城改造的指标、口号如几年完成旧城改造等，应引起重视。

（2）采用点线面结合使保护内容形成一定的量。没有一定的量，不能体现质。不仅要加强对已有历史文化遗存的保护工作，比如对杭州现有373处文保单位的保护，还可以复建某些具有重要历史意义、科学文化艺术价值的建筑或街区。这是一个有争议的问题，我认为保证一定的质和量复建是必要的。临海自古就有光荣的革命传统，它的古城墙是当年抗击外敌的重要防御设施，也是临海古城的象征。现在通过修复部分被毁坏的城墙，使其重现原有巍巍壮观的历史风貌，并结合旅游观光的功能，效果很好。比照"二战"后德国许多重要城市一片废墟，如科隆只剩下一个大教堂，但他们为了追忆民族的历史，在极其困苦的条件下还是基本按原貌复建了城市。与此相似，杭州复建雷峰塔也是需要的。但我们反对建设毫无历史文化意义的假古董，如宋城、仿古旅游一条街等。

（3）维护古城整体风貌。古城整体风貌是历史文化名城总形象的体现，规划建设管理应着重在点、线、面之外，强调局部与整体的和谐。德国科隆市无论新旧建筑一律采用深灰色坡屋顶，兰茨霍特市一律采用红屋顶，意大利罗马古城区内的建筑上不设置广告、霓虹灯，城市整体风貌非常鲜明。

（4）一项措施建议。在古城的历史文化遗存被大量拆毁的现实情况下，有关名城在古城区的适中位置开辟一处广场，广场的中央设置一个可以俯瞰的经过艺术处理的古城图，这图要能反映古城的街巷格局、重要古建位置，同时还能图示与现状的对比，使市民能在这大地图中穿梭、游玩、观赏、找到历史的蛛丝马迹，找回历史的记忆。这可作为一项古城被毁已无可挽回的代偿措施。

三、如何保持历史文化名城的美好风貌

历史文化名城的风貌指的是城市物质和文化的整体气质。至少其风貌在视觉上要给人以美感，因为名城是历史发展的产物，是通过不断修饰完善的艺术品。它有完整的古城格局，有统一的建筑风格，亲切宜人的生活空间和大量极富特色的环境小品，这些丰富的历史文化遗存都给人以美的享受。不论是巴黎温馨浪漫的情调、威尼斯自然与人文浑然一体的水城风光，还是北京故宫的雄伟、杭州西湖的秀美，都给人以美的享受。名城风貌要体现鲜明的、凝练持重的文化气质。数千年光辉灿烂的历史文化孕育了名城丰厚的经过千锤百炼历经风风雨雨的文化沉积，其气质应该是凝练持重的，而不是浮躁、飘飘然、华而不实的。它有别于现代新兴城市，也不同于工矿城市。

影响名城风貌的因素有如下几方面。

1. 自然山水的构成

城市自然山水是影响名城风貌的一个重要因素。如绍兴的河湖水网、杭州三面云山一面城的湖光山色，如果离开了这自然山水或破坏了这些自然山水，绍兴把大量河湖填埋了，杭州把湖山城市化了，就无绍兴、杭州的美好风貌可言。而且自然山水与城市人文相互依存，共同组成城市特有的韵律美。西湖有山山不高，有水水不大，杭州城市建筑物的尺度就要恰到好处，过大的体量、过笨的尺度都将破坏这种和谐的韵律美，新西湖国际大酒店给西湖的破坏将是沉重的。

2. 城市格局

城市格局是千百年来城市社会经济发展以及与城市自然山水和谐统一的结晶，如北京以紫禁城为中心的纵横严谨的格局，绍兴"有河无路"、"一河一路"或"一河两路"的水乡格局，杭州"依江带湖、三面云山一面城"的山水城市格局，温州顺迎东南风的街路格局，巴黎以广场为中心的放射状格局，

都是形成城市风貌的重要因素，应加以维护。

3. 建筑

建筑是文化的载体，古建筑的修复、复建应反映当时历史时期的文化特征，现代建筑则应体现现代文化气息。作为历史文化名城，特别要处理好发展和继承的关系。我们要不断地创造出有丰富文化内涵的优秀现代建筑，同时在建筑形式、色调、体量、尺度等方面要与城市风貌相谐调，如统一屋顶形式和色调、统一建筑基本色调、限制建筑高度和体量等。华盛顿、巴黎均以灰白色墙面为基调，科隆以黑色坡屋面为基调。绍兴的建筑色调应确定为黑白灰为基调，不应出现金黄色琉璃瓦之类的屋面和浮躁色调的墙面。

4. 建筑小品

建筑小品包括招牌、指示牌、路牌、路灯、垃圾箱、公交站、广告、霓虹灯、坐凳等，它们在相当程度上影响城市风貌。我们的城市铺天盖地都是商业广告，把历史文化名城的城市风貌搞得俗不可耐。国外许多城市对室外广告的位置、内容、数量、形式、色彩等方

面控制都很严格。新加坡街上广告很少见到，美国夏威夷檀香山是一个旅游城市，建筑墙面基本没有广告和霓虹灯，罗马古城区也如此。他们非常严格地保护建筑的完美形象，重视城市的整体风貌。檀香山市在街道转角处、城市广场等人流较集中的地方，设置了玻璃橱柜，把广告彩印成A4纸尺寸放入其中由游人自取，这是一种很好的广告形式，一方面让顾客对产品有充分的了解，另一方面又有效地保护了城市整体风貌。我们的城市金字招牌过多过杂，有些不该做金字招牌的也搞金字招牌。许多城市公交站五花八门，而在德国全国统一形式，只是坐垫色彩的区别，甚至加油站也是标准设计，只是色彩的区别。对量大面广的建筑小品作标准化规范化设置是现代化的标志之一，我们城市路灯缺少它所具有的特色设计，杭州西湖仍然"白玉兰花灯"盛开。有些城市的指示牌式样和乱涂乱贴等现象有碍观瞻，还有不锈钢雕塑不注意场合，泛滥成灾。以上小品虽然单个体量很小，但数量甚多，若不精心设计严格管理，对城市风貌是一大破坏。

5. 装饰材料

装饰材料用作建筑的包装，它有色彩、有质感，直接与环境对话。前几年全国各地处处贴面砖、铺琉璃瓦，对城市整体风貌造成了很大破坏。面砖不宜多用，尤其光面面砖不宜用于外墙装饰。其缺点一是过多的分割线条使建筑外观很零碎，缺少整体感；二是面砖容易脱落，修补很困难；三是表面光亮，质感冷硬，与自然环境不和谐。纽约曼哈顿的高层建筑群大量使用面砖，脱落严重，景观效果不好，倒不如新加坡、檀香山，城市一律采用涂料效果好，涂料质感与自然质感接近，能使建筑与建筑，建筑与自然浑然一体。琉璃瓦本身是封建时代特定的御用建筑材料，一般色彩鲜艳，形式古老，只能用作特定建筑的装饰。若大量采用琉璃瓦，将会使城市显得珠光宝气，商业气息过重，文化层次过低，而且模糊时空感，把一个现代城市弄得不伦不类。试想在朴素无华的水乡城市出现了一座座珠光宝气的建筑，这对水乡风貌是一个多么大的破坏。今后，建筑墙面装饰材料应提倡多采用涂料，我省城镇屋面材料一般要禁止用琉璃瓦，对于水乡城市更要继承粉墙黛瓦、淡雅朴素的传统建筑色调与风格。顺便提一下，今年临海市对历史街区内的道路路面进行更新，恢复传统石板路面，对维护古城风貌起到了积极作用，值得赞扬。

6. 绿化

郁郁葱葱的绿化和五彩缤纷的花草会给人以赏心悦目的心理感受和宁静清心的生理感受。市树市花还可以展现一个城市的特色风貌。

四、名城古文化与新文化的关系

任何历史文化名城都处在发展和变化的动态之中，我们强调维护古城风貌并不排斥现代文化，并不阻止现代文化在古城区内的发展，因为文化是发展的，历史文化是连绵不断的，它不可能凝固在某个年代。因此，不同历史时期的文化印迹并存，是城市生命力的象征，巴黎、罗马等欧洲名城，古罗马、中世纪、文艺复兴、近代、现代各历史时期建筑并存，至今还保持着旺盛的生命力。新文化和古文化是一脉相承的，关键是处理好继承和发展的关系，既要吸收古文化的精髓，又要发展新文化，使历史文脉得以延续。在城市建设中具体体现在规划和建筑设计中，新建筑要用巧妙的艺术处理与古建筑建立起一种呼应关系，包括在色调、形式等方面，甚至某些古建筑的部件可以渗透到新建筑中去。波恩贝多芬广场旁的一幢现代百货大楼，其色调、屋顶形式、尺度与周围古建非常和谐，被举为典范之作。巴黎罗浮宫玻璃金字塔入口的设计更为世人称颂。前不久，绍兴柯岩风景区内一幢餐馆设计在继承和发展的结合方面相当成功，说明这条路是走得通的，只要建筑师努力去加以探索。

五、绿化的特殊作用

绿化首先有改善城市生态环境的作用。据生态学家测算，40平方米的草地或者10平方米的阔叶林大约与一个人的呼吸量相平衡。历史文化名城兼有旅游功能，古城需要优良的生态环境和较高的绿地率。

绿化能起到软化环境的作用，使古城与新城或两个截然不同的建筑，通过绿化缓和它们之间的冲突，起到自然过渡的效果。

绿化对历史建筑起着衬托作用。国外很多古迹周围开辟了大面积的绿地，一方面改善了古迹环境，另一方面用大面积绿色衬托，使古迹更加耀眼。我省湖州市通过拆除飞英塔周围遮挡视线的建筑，开辟较大面积的绿地并建设飞英公园，有效地起到了衬托飞英塔的作用。

绿化以其生命力还能使古城显现出勃勃生机。

六、历史文化名城如何保持活力

历史文化名城千百年来与人们的生活休戚相关，被人们所利用，被人们所享受，被人们所热爱并为之骄傲。历史文化名城保持如此活力主要来自于如下4个方面。

1. 历史建筑要为现代人服务

古城的基础设施陈旧，历史建筑很难适应现代人的生活，需要对其进行改造。我们所看到的一些欧洲中世纪古城，现在都有了基本的现代基础设施。大量历史建筑在保护其传统风貌的同时，室内已进行过改造，被用作商店、博物馆、学生公寓等。许多德国城市的市政厅还都利用不大的历史建筑。

2. 重视共享空间

在古城中开辟一些共享空间，加强人际交往，促使现代人的活动与古城环境融为一体。

3. 发展旅游

历史文化名城均具备众多的名胜古迹和丰富的文化遗存，要充分利用自身优势发展旅游业。开发有传统特色的商贸产品，促进经济增长，不断地为历史文化名城注入新的活力，从而使古城保护与经济发展相得益彰。据说云南丽江大研古城游人如潮，我省古镇风貌较为完整的如西塘、南浔也可以努力。

4. 保存和发掘活文物

不同的地方有不同的习俗和文化活动，这些千百年流传下来的民间的、民族的、传统的习俗和文化活动，是人类生生不息的源泉，是活的文物。我们在国外考察时，经常看见一些男女老少穿着传统的民族服装，在广场或大街上载歌载舞。许多欧洲古城，如罗马古城内还保留着古老的马车作交通工作，颇得游客喜欢。德国兰斯胡特市有婚礼节，每年的这一天，夫妇们穿上当年的婚礼服上街游行庆祝。我国历史悠久，民间活动多姿多彩，只是近几十年失传甚多，我们应尽力地多发掘一些市民喜闻乐见的传统文化活动，以增添历史文化名城的活力。这种活力应体现出与人们生活息息相关内容，而不是演戏。

七、旧城改造与土地利用的关系

我省人地矛盾的形势是严峻的，但解决这一矛盾要有的放矢，要针对土地浪费的症结所在，不要死盯着旧城这小块土地，因为旧城人口密集，用地水平极低，环境极差，土地潜力不大，况且古城还是不可再生的资源。旧城改造时一定要保护好古城和历史文化地段，通过优化功能布局，改善城市环境。在总体上控制人均建设用地的前提下，对有不同要求的建设用地要区别对待，容积率该高的高该低的低，疏密有致。如果不能处理好古城保护与土地利用的关系，一味地在古城区内拆旧建新，提高建筑容积率，不重视历史文化遗存和城市风貌的保护，就会降低名城的价值。这些年杭州、绍兴在大规模的旧城改造中，不重视对城市传统风貌和古城格局的保护，已经留下很多无可挽回的遗憾。

清华建筑学人文库
胡理琛文集

《仁山智水——胡理琛速写选集》自序

我自幼嗜画。

读小学时，常欣欣然于街头邻舍观匠人画纸伞、画油彩门神、吹糖人、做风筝……乐此不疲。一板之隔的邻居谢磊明先生，是著名金石家、西泠印社社员，趴在窗台，看谢老书画刻印，是我放学之后又一大乐趣。其子为电影院作海报谋生，每有新电影将映，便携我同往影院画室，观其作画写美术字，偶尔也让我动两笔，这便是我的美术启蒙了。

温州市第一中学就读时，恰逢政治运动频仍的50年代，无论游行队伍中高举的漫画标语，还是校园内外的墙报都少不了我，正所谓能者多劳嘛！当时窃想：人生之乐莫过于当书画家！

然而当我作为温州市第一中学优秀毕业生报考大学时，却又不忍心放弃成绩骄人的数理化。两难于学画和学理工时，两者兼而得之的建筑学专业恰好成为我绝佳的选择。"鱼和熊掌不可兼得乎？"非也！

从此一晃数十载，得以从事所挚爱的建筑师职业，算是圆了童年梦想。

20世纪80年代以来，忝职浙江省建设厅，分管省内城市规划、城市设计、建筑设计、风景园林，有幸考察省内外名山大川、国内外一些历史文化名城，常常为美妙的自然风光和建筑所激动，舍不得让她们从眼前流逝。于是乎，兴之所至，快速写之：浙北水乡、浙南山村、黄山壮美、雁荡峥嵘、漓江秀丽、桂北古拙……德国莱茵河畔古堡的神奇……均形诸笔端，以备卧游。紧凑的行程中，或早出，或晚归；或挤出餐前饭后十几分钟，或趁休息的间歇，并步快跑至景前，喘息未定之际，疾速写意那一幅幅令我永不忘怀的大自然与建筑美景。个别半小时，大多十分钟，有的不足一分钟，全然不顾残笔断简，但求

此文为《仁山智水——胡理琛速写选集》一书的自序，撰写于2005年9月5日。

畅快于心，真可谓"速写"矣。

清华求学时，大三至大六，汪国瑜先生口传心授，又手把手地指导，令我受益匪浅。恩师教诲：速写是建筑师的看家本领。速写可以锻炼自己瞬间捕捉精华的能力，增补空间艺术营养，提高建筑草图水平。所以，繁忙工作中，不顾环境苛刻，不揣孤陋，随时随地，斗胆作画。由于无暇精雕，难免流于稚拙，所用工具也多是出水较快的美术钢笔，仅"速写"情境，训练手眼而已，敬请大方雅正。

风景名胜区规划设计的理性思维

我国风景名胜区（英文与现代国家公园同名，National Park）事业作为具有现实意义的社会事业，自1982年国务院公布首批国家级风景名胜区（我省有西湖、富春江—新安江、普陀山、雁荡山）以来，已走了26年的历程，而世界国家公园事业自1872年美国国会通过、总统批准世界第一个国家公园——黄石公园以来，已走过了136年的历程。我国26年历程虽短，但取得的成绩巨大，不仅在数量上已大为发展（国家级已达187处，其中我省国家级17处，约占省土面积3.7%，另有省级44处、市县级120多处），而且我国风景类型齐全，管理体制、法规也已基本建立，规划建设也取得了很大成绩，具备了一定的游览度假的条件。同时，我国风景名胜区（以下简称"风景区"）事业又问题甚多，建设走了不少弯路、留下了许多遗憾、浪费了大量钱财。

近年来，由于经济社会发展加快，建设规模越来越大，尤其是在当前，拉动内需迎来了新的建设高潮，亟须总结经验教训，使风景区的建设少走弯路，少留遗憾，使投资效益更好一些。其中作为建设关键的规划设计领域，有许多问题值得总结，值得吸取教训。最突出的教训就是规划设计感性有余，理性不足。故我提出"理性思维"这一命题，这也是贯彻中央提出科学发展观以推进又好又快发展的一项实践。

所谓风景区规划设计的理性思维，即对每一项规划设计内容均应讲得清为什么，讲得出道理，能给予科学的说明，而不是茫茫然不知所以然，或者只是简单地借鉴他人抄袭他人。目前有以下几个方面的问题要探讨。

一、重视规划设计概念

概念性设计（conceptual design）是国际上设计事务所普遍运用的重要的设计步骤，目前已经在我国流行。但

投身我国风景名胜区事业已26年，回顾这一历程，喜忧参半，喜的是风景名胜区事业取得了巨大进步，忧的是风景区建设走了不少弯路，留下不少遗憾，浪费了大量国家钱财，教训至今尚未记取。究其原因，最突出的问题是规划设计感性有余，理性不足。故笔者以《风景名胜区规划设计的理性思维》命题撰文于2006年11月，并在浙江省风景名胜区协会年会上作了学术报告。原载《中国风景名胜》2011年第12期。

是许多规划设计人员、管理部门误将概念性设计理解为概略设计、设计草案（sketch）。表现为概念性无概念，或将指导思想、理念当概念，什么"可持续发展"、"生态友好"、"以人为本"、"环境协调"等成为概念。

概念（concept）是什么？概念是由反映对象的本质属性，抽出本质属性概括而成。概念形成阶段，人的认识从感性认识上升到理性认识。

规划设计概念，是指对规划设计对象的工作背景（包括规划要求、规划设计条件等）、自然（包括地理区位、地质、地形地貌、水文、气象、生物、生态等）、人文（包括历史、文化遗存、文化特性等）、社会经济进行充分调查研究分析，在此基础上提出一个完整的对规划设计具有指向性的理性概念。这一理性概念具有系统性、简约性的特征，能够对设计对象提供最有效的解决方案。比如楠溪江沙头拦河闸枢纽工程，它是一项水利工程，地处楠溪江风景区的门户，这项工程如何兼顾工程和景观；水坝是大型工程构筑物，体量大，风格应当简洁现代，应体现工程的力度感；对于景观主要是考虑工程的上部建筑如何与楠溪江的山势呼应和谐；这项工程兼容江两岸居民通道的功能，怎样设计通道；坝上又是观赏山水风光的好去处，如何配以旅游休闲功能；枢纽运行、通道和旅游观光休闲如何各得其所互不干扰；色调如何处理，等等。按照这些设计概念进行设计，以求达到所追求的指向目标。

概念正确与否是规划设计乃至建设成败的关键所在。在确定规划设计概念的基础上，再加以理性与感性的结合，定可以获取良好的设计作品乃至建设成果。

二、规划设计要紧扣风景区的性质、景观特色，避免风景区城市化公园化

首先弄清什么是风景区？国务院《风景名胜区条例》第二条："具有观赏、文化或科学价值，自然景观、人文景观比较集中，环境优美，可供人们游览或者进行科学、文化活动的区域。"北京大学谢凝高教授将风景区定义为："国家风景名胜区是以具有科学、美学价值的自然景观为基础，自然与文化融为一体，主要满足人对自然、精神文化与科学文化需求的地域空间综合体。"风景区是以自然为基础而非城市以"人为"为基础；是地域综合体而非城市公园。不少风景区规划设计人员不清楚什么是风景区就着手设计，其规划设计必然偏离方向。风景区总体规划中，对风景区的性质和景观特色均已经过反复论证确定。下游的详细规划或景点设计必须紧扣总体规划确定的性质和特色。如富春江—新安江—千岛湖风景区总体规划确定的性质和景观特色是："以山清、水清、境幽、史悠、碧湖千岛为特色。集生态、旅游、科教于一体的综合性、国家级湖川风景名胜区。"雁荡山风景区是："以具有典型性的流纹岩火山地质为基础，以'峰、洞、嶂、瀑、门'为特色，美学、科学和历史文化价值很高、可供游览观光以及进行科学文化活动的国家滨海山岩风景名胜区。"再如楠溪江风景区是："以典型的火山岩地貌、完整的楠溪江水系和古朴的古村落为风景资源主体，表现出水美，岩奇，瀑多，林秀、村古的山水田园特色，是中国耕读社会、传统生活方式和山水审美文化完美结合的产物，具有旅游观光、民俗体验、科学考察、休闲度假价值，是特大型自然文化复合风景名胜区。"……不一而足。名风景区都有各自的性质及景观特色。景观特色是风景区景观的核心价值所在，性质是根据该风景区的景观特色、自然、人文和区位条件确定的功能和等级。规划设计

人员在着手规划设计之先，不学习不熟悉该风景区的性质和景观特色，规划设计成果必然是盲目的、是非理性的，极容易误入城市化、公园化的歧途。

三、加强风景区的科教功能

风景区的功能是指人与大自然精神交流的种种形式及其发展和演变，也就是人们利用风景区价值的方式。因风景区的科学价值而产生科研和科教功能，因历史文化价值而产生学习研究历史的功能。科教功能严重不足是我国风景区与世界先进水平的国家公园的最大差距。增强科教功能将使我国风景区事业向前跨越一大步。

科教功能的发挥，主要依赖建立风景区游人中心系统和游路配置系列解说牌。

所谓游人中心（Visitor Centre），有些国家称信息中心（Information），也有的称博物馆（Museum）。其作用是为游人介绍风景区的自然和历史文化的信息的知识及其价值，进行科普教育，为游人提供旅游方式、线路、设施等服务信息。大型风景区有主游人中心和分级游人中心，是一个游人中心系统。

沿游路的解说牌，有的风景区还有语音导游器，是对景物和资源进行直接的更深入的解说。

某些景区或地区还可以成为露天博物馆，比如非洲一些国家公园本身就是野生动物园，英国格莱特纳绿地村处处布置农耕文明的农耕机具，成为农耕文明博物馆，希腊伊德拉岛沿路布置了不同时期的渔船用的望远镜、雷达、铁锚、轮舵、桅杆、火炮等，成了一处希腊渔岛的航海历史博物馆。

四、充分认识风景区内聚落和民居整治利用的价值

我们对风景区内聚落和民居的认识有个从感性到理性的发展过程，从过去以拆迁为主到拆迁和整治利用相结合，再发展到今天以整治利用为主。现在对于风景区内（即所谓"景中村"）的聚落和民居，除严重影响景观必须拆除搬迁外，一般可搬可不搬的可以整治利用，这样一举多得，可取得良好的经济、社会和环境效益。比如开发家庭旅舍使农民受益致富，并使其主动保护风景资源；可以避免风景区"建筑为患"；节约旅游建设用地；还保护了传统文化遗产，变"景区负担"为乡土文化景观；还为游人提供了体验原生态生活场景，使之成为学习传统乡土文化知识的课堂。杭州"景中村"整治已经为

全省提供了宝贵的成功经验。杭州法云弄村还以特殊的方式引进安缦集团改造成具有乡土文化特色的高档旅游宾馆。

五、景观建筑不可能脱离风景区的自然景观和人文景观而独立存在

景观建筑有别于城市建筑，受到自然景观和人文景观的制约，建筑师只有通过为景观添彩才能展现自我，设计不可以不顾环境随心所欲，否则主观愿望与客观效果相背离，必将对景观造成破坏，而且展现的只是建筑师的无能和才华的贫瘠。

景观建筑的形态、体量、尺度、色彩、质感与景观环境要相协调，须与原生的山水、林木、地形地貌相互融合并组成有机的景观整体。当前景观建筑与环境不相协调的实例比比皆是，其原因就是规划设计人员没有对景观环境作理性分析，而只凭自己的感性认识、个人的情感爱好或者照抄别的建筑式样而造成的结果。

风景区雕塑作为人工作品同样受到其置身的环境的制约，如杭州西湖湖滨20世纪90年代末的"美人凤"，创作人员只着眼于雕塑本身而不考虑"美人凤"立姿背对着西湖，对于众多湖面泛

舟游客，不仅得不到美的享受反而产生恶感；其高大的身躯又与湖岸乔木比高低，游人还要仰视观赏，失却了亲切感。创作过程中，我始终多次反对，结果雕塑摆了几年，最后还是撤了下来。相反，著名金石家中国美术学院洪世清教授20世纪80年代带领石匠，亲手挥锤而创作的大鹿岛岩雕，非常成功。他首先考虑的是以不破坏自然环境为前提，专门寻找一般人意想不到的海礁隐秘处，或者惊涛击拍的崖边，随类赋形，雕琢出一个个似又非似的海生动物，将金石艺术的残缺美发挥得淋漓尽致，为后人留下了不朽的大地艺术作品。

六、风景区建筑风貌的生命在于乡土特色

乡土特色本身就是人文景观资源，其延续悠久的历史本身就是其生命力的体现。乡土特色指的是根植于本乡本土的特色而非把别处的乡土特色舶来当做自己的乡土特色。

现代功能的风景建筑也需力求体现乡土特色，做到现代和乡土相结合，现代中见乡土，以保持风景区建筑风貌的和谐统一。

"回归"还是一种普通的文化现

象，当乡下人能吃鱼肉的时候，城里人却要吃地瓜窝窝头；当乡下人结束衣不遮体的年代，城里人却把裤子挖几个洞；当乡下人住上高楼的时候，城里人却想住到乡野去；当乡下姑娘穿红戴花时，城里姑娘却多半黑衣裳；歌曲风行通俗唱法；舞蹈出现街舞；画廊挂上农民画……这些文化现象不是回到原点的简单"回归"，而是提高到一个新的高度的螺旋式上升的"回归"。建筑作为文化也同样存在"回归"现象，现代建筑体现乡土特色便是，我们因理性看待这一"回归"现象。

七、建筑小品设计也需理性

建筑小品，如入口标志、解说牌、标识牌、垃圾箱、电话亭、坐椅、栏杆，视觉上要服从于整体景观效果，与主体景观相和谐不可自行其是；尺度要得宜；形式宜简不宜繁；文字图案要具备良好的阅读效果。小品要标准化、规范化，标准化规范化本是现代化的重要标志之一。"少就是多"是在工业化以来社会物质产品日益丰富，色彩、形式趋简伴之而来的现代美学的普遍法则，风景区的景观元素很多，小品的简洁、标准化规范化，是为了避免喧宾夺主。

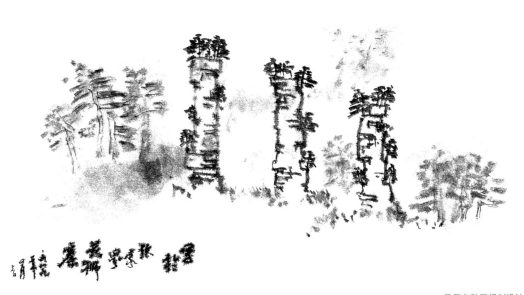

关于浙江省风景名胜区规划建设的思考

基于这些年来我省风景名胜区建设力度加大，引发了本人对许多亟待解决的问题的思考，如风景区核心景区的定义及划定原则、风景区科教功能与国家公园接轨、风景建筑与环境协调、"景中村"整治、历史文化名镇保护、开辟避暑场所、植物景观的地位以及规划设计水平等。笔者为此撰文在2009年中国城市规划学会风景环境专业委员会学术年会上作了学术交流。原载《中国风景名胜》2009年第12期。

一、核心景区问题成了当今保护和利用矛盾的新焦点

各风景名胜区这轮总规修编中大多划定了核心景区，但编制和实施中突显出保护和利用的众多矛盾。

2006年颁布施行的国务院《风景名胜区条例》（以下简称《条例》）规定，在风景名胜区的范围内要划定核心景区的范围。核心景区是风景名胜区的精华，是风景名胜区景观特色和资源核心价值所在。

《条例》只限定于核心景区不准建宾馆、招待所、培训中心、疗养院，以及与风景名胜资源保护无关的建筑物，并没明确核心景区的定义和划定的原则。我认为：核心景区范围划定应以充分体现景观特色和保护好资源的核心价值为原则，不宜过小，也不宜过大。过小将有损景观特色和资源的核心价值，过大将有碍于风景区旅游设施的建设，

应十分严肃慎重对待之。如千岛湖、鉴湖由于湖边不少本应归核心景区的用地被项目开发所占用，损害了原本山青境幽的风景环境的景观特色和景观核心价值。其他风景区也存在类似情况。一些海岛风景区将滨海沙滩所背靠的山体也全部划入核心景区，似乎过大一点，因为其景观核心价值在金沙、碧海、奇礁、渔火，山体除非自然形态佳美，一般不一定非要划入核心景区不可，不然必要的旅游设施难以布局。

由于总规比例尺过小，核心景区界线无法明晰，为了清晰划定界线可以借鉴建德市做法，放大比例尺，在总规原则指导下，请有关方面参与一道共同论证认定。

《条例》第二十七条规定"禁止违反风景名胜区规划，在风景名胜区内设立各类开发区和在核心景区内建设宾馆、招待所、培训中心、疗养院以及与风景名胜资源保护无关的其他建筑物；已经建设的，应当按照风景名胜区规

清华建筑学人文库 胡理琛文集

划，逐步迁出。"凡按规定禁止的项目已经建设的，建议尽早拆除，个别企业一时尚需生存，但将来还是须创造条件迁出。显然，江郎山核心景区内的江郎山庄拆除后，取得了很好的景观效果。

二、提高风景名胜区教育科普功能是浙江省风景名胜区与现代国家公园接轨的重要环节

《条例》第八条"自然景观和人文景观能够反映重要自然变化过程和重大历史文化发展过程"，第三十二条"风景名胜区管理机构应当根据风景名胜区的特点……普及历史文化和科学知识"。《条例》指明了景观的科学历史文化价值，教育科普是一项重要功能。

风景区的功能是随着时代的发展而发展变化的，一些功能已成为历史，如封禅祭祀、隐居耕读，有些功能一直延续至今，如游览、审美、创作体验等等。我国风景区当代需要发展科教功能。我国风景区性质与现代国家公园基本相同。而现代国家公园在诸多功能中，尤其重视发挥教育科普功能，视其为国家公园功能的基础。

发挥教育科普功能传播知识的主要媒介是成体系的游人中心（Visitor

Centre，英国称信息中心Information，也有称博物馆Museum）和散布在景点和游路上的形式灵活多样的解说牌，个别的还有语言导游器。

游人中心的基本功能是为游人提供游览信息和科学历史文化知识，包括风景区概况、风景区自然景观、人文景观特色、景点分布、游览路线、游览方式、旅游接待服务设施、自然景观的地质科学成因、动植物物种、气象、水文知识，人文景观的历史文化背景与发展、遗存、民俗文化知识，等等。大型的国家公园由主游人中心和数十个分布于景区景点的小游人中心组成一个游人中心体系，全方位深入细致地为游人提供信息和知识服务。游人中心位置应选在游路的起始点。

解说牌和语音导游器是散布于景点和游路上为游人提供直观的更为具体的信息和知识，形式多样，灵活生动，甚至展示动植物标本。这同样是一个信息和知识服务体系。

教育科普功能有着无限的开拓空间。国家公园始于1872年美国黄石公园，我国1982年才公布首批国家级风景名胜区，落后了110年，追赶现代水平尚须加倍努力。

规划设计单位和风景区主管部门应将游人中心赋予重要的规划地位，首先规划中要列有这项内容。目前浙江省只有西湖、普陀山、雁荡山、千岛湖、楠溪江、雪窦山、江郎山、岱山等少数几个风景区有游人中心，或建设了不同类型的文化展示馆，与现代国家公园接轨开始有所行动。而绝大多数风景区仍不见游人中心踪影。规划设计人员也尚无游人中心概念，管理部门也未将游人中心提到议事日程上，更谈不上成为体系。解说牌布点建设多数也只停留在传统的或最原始的水平，发挥教育科普功能距现代国家公园的水准尚有极大的差距。

游人中心的称谓有待主管部门加以统一。目前"游客服务中心"称谓非常多见，其内容多数只有商业服务，并非科教功能的游人中心。其实商业性质的可直称某某商店，不必冠以某某中心，但是规范的游人中心的地位必须突出。

游人中心是游人必到的第一去处，一般应布局在游线的起始处。

三、风景建筑与风景环境相协调是风景名胜区规划建设永恒的主题

风景建筑与风景环境不尽协调的案例很多，其原因是多方面的。

风景区一般是以具有美学价值和科学价值的自然景观为基础的，建筑只是点缀。

风景区不仅有别于城镇，也有别于城市公园，故此建筑不能多，能少

则少。城建行业标准《公园设计规范》限定的最低建筑密度也过大，不适用于风景区。

风景建筑有别于城市建筑，建筑师不可能独立于风景区的自然和人文景观而展现自我。

宜少不宜多、宜低不宜高、宜小不宜大仍然是风景建筑最基本原则。自然界一般大乔木高不过一二十米，建筑物高度除特殊建筑外一般应低于树高，这样才能起到掩隐的效果，故此宜低不宜高，一般一层至多二三层。传统建筑多为木构，长期的历史经验积累使人们形成了与树高、树冠、树径相联系的尺度

概念，大至建筑形体小至建筑细部，故此尺度宜小不宜大。

风景建筑风貌的生命力在于乡土特色。乡土特色本身就是人文景观资源，其悠久的历史本身就是生命力的体现。不同风景区有其不同的乡土特色，同是浙江的民居也有六七种不同的风格。不能认为马头墙、琉璃瓦、翘屋角就是风景建筑，就是传统风貌。

现代功能建筑也须尽力体现乡土特色，以发扬风景区特有的本土文化价值。这也是一种"回归"。"回归"是一种文化现象，波浪式前进、螺旋式上升是一般艺术发展的规律。新风景建筑回归到瓦顶土墙，不是重复历史，而是上升到新的历史高度。原生态歌舞搬上舞台配上布景灯光，同样不是简单回归，而是螺旋式上升。美术、音乐也都有类似的艺术发展规律。

新建风景建筑也应多选用自然材料，如木、竹、土、本地石材之类，便于与大自然更有机融合。

文化是发展的，建筑也是文化，新建筑应体现时代特征。新建风景建筑应适应现代人的生活情趣和需求，如透景、通风、舒适、方便、卫生等，也可以采用现代材料现代技术，要有时代感，体现时代特征。应力求传统与现代的完美结合。廿八都游客服务中心就是个较好的范例。风景建筑也应注意节能，要运用科学合理的建筑设计手法解决保暖降温通风问题，尽少配置空调。

风景建筑应因地制宜、依山就势，不破坏地形地貌。严重削地建屋现象必须制止。

风景建筑布局应能显山露水、挡陋遮丑，与山水林木自然环境融合默契，使人文与自然相得益彰。

采石场、废弃的厂矿、植被无法修复的秃山荒地应属于建筑用地首选。

牌坊门楼不可泛滥，泛滥的结果，是以农民狭隘的空间意识将统一完整的风景空间隔碎，且喧宾夺主，降低了景观的美感度。

入口标志、标识、说明牌、垃圾箱、电话亭等建筑小品建设，需注意服从服务于景观效果。小品尺度要宜简不宜繁。标准化规范化是现代化的重要标志之一。"少就是多"是现代美学的普遍原则。标识、解说牌还须具备良好的视觉和阅读效果。

四、"景中村"整治利用已刻不容缓

浙江省人多地少，风景区内"景中村"数以千计，以往因为风景区规划要求搬迁或其他种种限制，长期以来一直是村民和主管部门的一大困扰。核心景区内村庄如因景观需要必须搬迁的，还是要按规划搬迁。可搬可不搬的，可通过整治加以利用。

"景中村"的聚落和民居本是一份文化遗产，加以整治利用可一举多得，能取得良好的经济、社会和环境效益。杭州西湖"景中村"的整治效益便是明证。

传统民居整治要保护与更新相结合。风貌保持传统，室内可按现代生活需求更新，甚至窗户也可改为又节能又透光的现代窗户。近些年新建的有碍风貌的民居可通过加减法适当改造，使其与传统风貌和谐，新添建民居更要注意传统风貌与现代化的统一。

"景中村"应允许开设家庭旅舍（日本、台湾地区称为"民宿"，英国称为"B & B"即Bed & Breakfast）。把村庄打造成旅游接待服务点，既可以使农民旅游致富，又可调动他们保护风景资源的主动性、积极性，还可以节省旅游设施建设的资金、节约土地，还可以避免风景区"建筑为患"。

保护好乡村文化，变"景区负担"为乡村文化景观。"景中村"是乡村文化宝库，传统民居、木雕石雕砖雕，斑驳的土墙、破旧的石墙石阶石路、水井，甚至废弃的茅厕、猪圈；农耕文明的生产工具如水碓、水车、风车、犁耙、榨油机……形形色色的生活器具石磨、斗笠、蓑衣……乃至方言。廿八都将方言与普通话对照作为文化遗存展示颇受欢迎。对于现代人，乡村文化均是难得的文化景观资源，从中可以学习到丰富的乡村文化知识。

乡村文化展示方法不要拘泥于千篇一律的民俗馆模式，可以灵活多样。如生产工具可与生产场景结合，生活器具可与生活场景结合；还可以作为公共艺术品配以花草装扮街巷场院，甚至可以使整个村庄装扮成为露天博物馆。

为适合旅游必须改善卫生交通，配

置现代必需的基础设施。

运用绿化手段营造浓郁的农家氛围和良好的生态环境。

从"景中村"疏解出去的居民尽可能走城镇化道路在城镇安置，要避免紧临"景中村"兴建新村，成为新的景观破坏源。

五、历史文化名镇整治保护应审慎，不宜操之过急

历史文化古镇整治保护是一项复杂的系统工程，受到法律法规的制约，又面临众多的学术问题，因而要审慎，不宜操之过急。

历史文化名镇的保护应当遵循科学规划、严格保护的原则，保持和延续其传统格局和历史风貌，维护历史文化遗产的真实性和完整性。要保护的不仅是单个的建筑，而且还要保护具有独特文明和历史见证的环境、聚落肌理。现实中存在不少只重视单个建筑的保护，而忽视或者随意改变环境和聚落肌理的现象。更有甚者，毫无历史根据的臆造仿古一条街，这既无历史文化价值，又劳民伤财。为了恢复历史风貌，确具有历史文化价值、有历史根据的街区或建筑，可以经过批准力所能及地复建。

"二战"遭战火毁坏的欧洲如德国一些城市一片废墟，战后在极端困苦的条件下，古城建筑和街巷，几乎是按原貌修复重建的。他们认为历史文化遗存是民族的象征，只有尊重自己光荣历史和民族文化传统的民族，才能建设美好的未来。我们也可将遭"大跃进"破坏、"文化大革命"十年浩劫、近些年的鲁莽拆除视同战火，努力修复古镇古村风貌。

对于现状建筑的处置应区别对待，不可一概而论，至少分以下几类：

（1）文保单位须执行《文物保护法》，修缮应注意原真性，遵循尽少干扰、可识别性、可逆性、正确把握审美原则。梁思成先生在20世纪50年代初对赵州古桥修得太新提出批评，要求文保建筑修旧如旧，这个"旧"字指的就是原真性。

（2）非文保单位的传统建筑和民宅，保护与更新相结合，在保护传统风貌的同时，需要更新设施以适应现代生活的需求。

（3）近些年建造的有碍传统风貌的建筑应采用加减法加以改造，以维护名镇风貌的和谐。

（4）新建筑，设计力求做到传统和现代的有机结合，既能体现21世纪的时代精神又继承优秀传统，能融入历史文化名镇传统风貌。简单仿古或者与传

统风貌格格不入的现代建筑，出现在历史文化名镇均不可取。历史文化名镇可利用适当场院空间开设露天休闲吧。

六、风景区内选择适当地域可考虑避暑度假功能

浙江省地处亚热带，夏季湿热，随着地球变暖、夏日酷暑越加难熬，又随着经济社会发展，人们日益富裕，避暑度假成了当今一大需求。在风景区避暑不仅需要而且可能。

风景区海拔高400米以上山村可考虑整治改造成为避暑度假的去处。浙江省水库湖泊类风景区众多，目前这些风景区规划中，旅游度假建筑过多集中于湖畔地区，既污染水体又破坏景观。建议部分旅游接待设施可在海拔400～800米高度地区选址建设。海岛、滨海风景区更有条件考虑避暑度假功能。

七、植物景观应摆在景观规划建设的首要位置

风景区一般以自然景观为基础，植物景观的重要地位优于建筑景观显而易见。landscape architecture（风景园林），landscape原意是大地景观，architecture原意是营建或营造，landscape architecture原意是大地景观的营造。大地景观中植物景观显然处于主导地位。

植物是构成生态环境的主体，在风景区中所占面积比例最大，最能体现季相色彩和历史岁月，最能反映地域特色和乡土风貌。

首先保护和抚育好自然植被，保护好古树名木，重视松材线虫病防治。

随着城市化进程加快，回归大自然既是人们心理需求也是生活需求，强化植物景观、改善生态才能满足这一需求。实践证明大型植物景观是风景区最受游人喜爱的景观卖点，杭州超山观梅、灵峰探梅、满陇桂雨，文成百丈漈红枫古道，莫干山竹海……不一而足。

景点周围、道路沿线植物配置要师法自然，避免园林化、城市化。风景区内行道树种植状况不尽如人意，等距种植的现状有待调整。风景区道路的植物配置力求不露人工痕迹，应先有树后有路、路穿林而过的效果才是我们追求的目标。植物景观应讲究植物群落、植被林相、生物多样性。

规划设计往往把植物景观摆在次要地位，甚至草草带过是不合适的。

八、提高风景规划和风景建筑设计水平

分析风景区规划建设好的范例，其核心经验是抓住了规划和设计这一龙头和关键环节，有优秀的规划和设计才能出优秀的成果，优秀的规划和设计又出自于优秀的规划设计人员的智慧。

风景规划、风景建筑设计专业性极强。浙江省风景区规划和风景建筑设计有一批水平较高的人才，创作了大量好的作品，但不可否认仍有许多规划设计人员对风景规划和风景建筑设计专业相当生疏。风景规划师和建筑师要通过继续教育方式提高专业素质。目前专业人员不了解2006年国务院《条例》，不熟悉《风景名胜区规划规范》、2005年《历史文化名城保护规范》、2008年国务院《历史文化名城名镇名村保护条例》的甚多。这是造成当前规划设计返工率很高的主要原因之一。

规划设计缺少概念，甚至将概念性规划设计误解为是概略的大概的规划设计。概念设计是近些年从发达国家引入的先进设计方法，英文叫conceptual design，这是设计的基础一步。概念设计是有概念的，概念英文叫Concept。

概念是反映对象的本质属性。概念形成的过程是将感性认识上升为理性认识。规划设计概念，是指在对规划设计对象的工作背景、自然、人文进行充分分析研究的基础上，提出一个完整的具有方向性的理性概念，以此作为进行具体规划设计所要达到的目标。设计概念正确与否，是设计成败乃至建设效果优劣的关键所在。而概略设计，英文叫 sketch，与概念性设计不是一回事。即使不称概念性规划、概念性设计，也必须有概念。由于缺乏概念，造成"规划八股"、"设计八股"现象严重。规划内容如基础资料、概况、依据、布局等是必要的，但是指导思想、原则如"以人为本"、"生态优先"、"可持续发展"……放诸四海而皆准，而没有针对具体项目的设计概念，规划设计者对设计内容讲不出"为什么"，缺乏理性，"八股味"太重。

一个好的规划设计成果，出自理性与感性的完美结合。

山窝窝里能否飞出金凤凰

——与庆元县干部研讨若干城乡建设问题

清华建筑学人文库 胡理琛文集

庆元松源镇是浙南最偏僻的县城，当我1988年第一次踏进这个县城时，振奋不已，当即画下三幅速写，因此特有感情。2010年庆元县委陈景飞书记邀我去给全县乡以上干部学习班讲课，我欣然同意。本文是2010年4月的演讲摘要，主要述及如何塑造山水城市特色、双苗尖——月山风景名胜区的保护、将庆元打造成避暑胜地和保护历史文化名村等。

我借用杭州市园文局王水法局长说的一句趣话："世界上有两件事最难，一是把自己的思想装进别人脑袋，二是把别人的钱装进自己口袋。"我今天是试图把我的思想装进你们的脑袋，真的要装得进去我想起码有道理才行，装不进去说明我讲的没有道理，那可要浪费诸位时间了。

山窝窝里能否飞出金凤凰？我觉得答案是肯定的。当1988年我第一次踏进庆元这个山窝窝时，令我振奋不已：啊！石龙山、咏归廊桥真美！我当即画下了三幅速写。在后来几次会议上我就宣传：庆元飞出了金凤凰。如今20多年过去了，我相信还能飞出几只金凤凰，因为有县委县府和各级干部的努力打拼，有庆元百姓的勤劳智慧，有优秀的文化传统，只要大家坚持实践科学发展观，努力吸取国内外文明成果，肯定能！

一、塑造松源镇优雅的山水城市特色

县城所在地松源镇地处山水之间，是"中国生态环境第一县"，青山秀水，空气清新，夏日凉爽，又有精美的咏归廊桥、石龙山历史文化遗存。只要充分利用好这些自然和人文资源，掌握塑造城市特色的科学规律，并借鉴现代优秀城市的经验，定可以医治千城一面的痼疾，塑造出松源优雅的山水城市特色。

特色的塑造要运用城市规划、城市设计（或称"城市综合景观设计"）手段。城市特色的内涵，一是视觉上要给人们以特有的美感，二是要体现鲜明的文化气质。松源镇视觉上的美感首先来自于显山露水，向大自然借景，与大自然对景，显示城在山水之中的特有美感。因此，需要把城镇与山水环境相依相融的文章做足。原丽水市域规划中关于松源镇形象的描写——"河在城中、城在园中、楼在绿中、人在景中"——这个描述太一般，许多城市可通用。浙江大学做的松源镇城市设计提出"一溪两岸"，我省"一溪两岸"城镇太多太多，不能反映出松源镇山城特色。视觉上的美感，还需建筑布局的主次、起伏、肌理变化有序，有韵律感。现状建筑色调太乱要整治，应统一为以浅白色为主调，使其与青山绿水相映衬。清除瓷砖大理石改用涂料，以利于质感亲近自然。整治建筑物上杂乱无章的广告、招牌、铁笼。建筑体量尺度以小巧灵气取胜，不以高大庄严取胜。山城要重视山上俯瞰的城市"第五立面"。城市绿化要多种攀缘植物和花卉，用绿墙代替建筑围墙，视觉上多一点绿量，少一点建筑量。城镇的文化气质如同人的气质，因城而异。松源镇文化气质显然不是北京的庄严、上海的海派、深圳的富有、杭州的优雅，松源镇是廊桥之乡，可显示城市的古朴；庆元是中国生态第

委县政府的领导下，松源镇城市特色定会脱颖而出，令人刮目相看，再飞出一只金凤凰。

二、保护好双苗尖–月山省级风景名胜区

双苗尖–月山风景名胜区是一处未开垦的处女地，面积53平方公里，总体规划确定的性质是："以生境卓越、民风古朴的瓯江之源为背景，风景资源的高山草甸、奇峰溪瀑、谷村廊桥为特色、适宜登山览胜、生态旅游、避暑度假和山村体验，是一处山岳类与民情风情类的组合型省级风景名胜区。"希望按照总体规划的要求保护好风景资源，维护好景观特色，留得青山在不怕没柴烧。如果把中子山廊桥群纳入风景区，加上冰臼地质景观，应该具备国家级景观质量，面积又大于10平方公里，双苗尖–月山风景名胜区存在将来升级为国家级的可能性。

三、将庆元打造成为避暑养生、休闲度假胜地

庆元拥有得天独厚的旅游、避暑养

一县，松源镇可显示生态；庆元是旅游天地，松源镇可显示城市的文明热情。因此需把廊桥这张名片打造好；把城市的生态维护好；把城市旅游设施、游人中心、标识牌、解说牌、游人休闲活动空间建设好，使城市多一些人情味，添一点艺术氛围。松源镇是发展中的城市，其文化气质在显示古朴的同时，还应显示现代感和时空感，体现欣欣向荣，力求达到传统与现代的统一。千万不要建仿古一条街，那样将模糊时空，古不古新不新，缺乏生机。

塑造松源镇优美的山水城市特色，靠的不是金钱而是心智。相信在庆元县

生、休闲度假的资源。"中国生态环境第一县",远离工业中心,空气清新;海拔较高,全县1500米以上高山226座,夏日凉爽;又是廊桥之乡,有木拱、平梁、石拱等不同结构形态的廊桥87座,总数占丽水的二分之一,浙江的三分之一,为中国之最,其中举水如龙桥是我国唯一廊桥国宝,大济莆田桥、双门桥1024年建为我国最早,并获2005年联合国颁发的保护一等奖;有双苗尖—月山风景名胜区,中子峰省级森林公园、百山祖国家级自然保护区;还有大济省级历史文化名村;月山今年被评为全国首批特色景观旅游名村;有8个少数民族;还是香菇之乡。

不可否认,路途相对遥远是发展旅游度假的制约因素,目前杭州来一次车程5小时,稍感疲惫。如要想把游人的钱装进自己的口袋要动脑筋如何扬长避短。比如,发展旅游以度假避暑为主,避免游人来了就走的旅途劳顿。整治利用"景中村",首先利用不在核心景区内但又景观条件相对较好的村庄,开发家庭旅舍,整治利用一个村庄相当于建设一个旅馆,为旅游度假接待工作起步打些基础;还可利用废弃的乡土气息浓郁的村庄,借鉴安缦集团在杭州法云弄村的做法,外表完全保持农家土墙形式,内部重新改造装修,标准瞄准中端客户即可;选择海拔400~800米的山区开辟适当的避暑场所,丽水、杭州、金华都是浙江的"火炉",避暑客户群市场很大;创造特殊旅游项目,如尼泊尔有个宾馆故意不装电灯,目的就是让游客晚上看星星观天象,又如英国百拜里村,专门营造成日本人最爱的红鲤鱼垂钓村,等等。

四、高水准保护好历史文化名村

要遵循科学规划、严格保护的原则,保持和延续历史文化名村的传统格局和历史风貌,维护历史文化遗产的真实性和完整性。

大济双门廊桥与数座桥梁跨越的溪流所形成的村庄格局,见证了数百年的村庄发展史和廊桥文明。月山村二里石桥、宝塔东耸、云泉晓钟、马氏行宫和月山晚翠见证了村庄的文明,也展现了特殊的聚落肌理。这些传统格局和历史风貌都需严格保护,不可以为了所谓旅游需要而随意改变,也不可以臆造一些古建古街古桥,建设假古董意味着损坏真古董。如果确有历史根据,可以复建。

大济村和月山村目前状况尚好,只要高水准地加以保护,有可能飞出两只金凤凰。

关于仙都风景名胜区规划建设的几个问题

——与缙云县领导商榷

2010年5月，应省建设厅周日良总规划师和缙云县委孔海龙书记之邀，去为缙云县乡以上干部学习班讲课。该文是演讲摘要，主要述及仙都风景区名胜区规划建设的几个问题：保护景观特色、重视科教功能、风景建筑与环境协调、"景中村"整治、开辟避暑场所、植物景观地位等。

仙都是1600多年前谢灵运任永嘉太守时发掘的名胜地❶，历史悠久。1985年列为省级风景名胜区，1994年，升级为国家级风景名胜区，是国家级风景资源。第一轮总体规划曾被评为全省优秀规划，新一轮总体规划1998年国务院已批准实施，希望该规划能得到认真实施，并将仙都推向新的历史发展阶段，使其闪烁更加灿烂的光辉，展现更加动人的魅力。

缙云县委县府，各级干部群众正在努力保护和建设仙都。希望今后工作中重视几个方面的问题。

一、风景区规划建设要注意保护好景观特色

风景区的景观特色是风景区的生命，是风景区核心价值所在，规划建设均要十分重视保护好景观特色。

总体规划中仙都风景名胜区性质确定为"以奇峰曲溪、山水神秀和仙境为特色，融田园风光与人文史迹为一体，以观光、避暑休闲和开展科学文化活动为主要功能的国家级风景名胜区。"仙都，顾名思义是仙人荟萃之地，是令人神往的仙境。其鼎湖峰高170.8米，号称"天下第一峰"，九曲练溪九桥九堰九潭，山水交相辉映；又有田园阡陌，山村野趣，人文史迹姑妇岩、小赤壁、倪翁洞、玉虚宫、独峰书院、芙蓉峡摩崖石刻等。这些都是展现景观特色，体现风景区核心价值的珍贵景观，而且集中于核心景区之内。因此在核心景区内不能搞破坏性的建设。几年前，在鼎湖峰前的三角地带建造商业一条街，而今仍一片空房，既严重破坏了景观又劳民伤财，这个教训是十分惨痛的，应该记取。今后在风景区内的建设应慎之又慎。

千万别将田园阡陌视作可以建设的空地，田园阡陌是仙都田园风光的主题之一，也是奇山曲溪的衬底，也是山村

清华建筑学人文库

胡理琛文集

❶当时隶属于永嘉。

野趣所在。随着城镇化发展，田园阡陌更显珍贵。在田园的合适处增添植物景观是需要的，但不可以用树林来替代田园。

二、重视教育科普功能，实施与现代国家公园接轨

风景区的功能是随着时代的发展而变化的，一些功能已成历史，如封禅祭祀，隐居读书，也有些功能一直延续至今，如游览、审美、创作体验等。对于仙都而言，祭祀皇帝乘龙升天、游览、审美、创作体验仍在延续，但需要发展教育科技功能，现代国家公园已把科教功能视为功能的基础。我国风景名胜区的性质也是国家公园，英文名称同为 National Park。仙都在教育科普功能方面要迎头赶上，如建立游人中心、配置系统的景观解说牌、标识牌等，为游人提供教育科普的场所和媒介。

三、注意风景建筑与风景环境相协调

这是风景名胜区规划建设永恒的主题。风景建筑选址要服从规划。风景区是以自然为基础，建筑景观仅是景观的点缀，是锦上添花，不可喧宾夺主、画蛇添足。

四、"景中村"整治利用已刻不容缓

　　风景区内的村庄，长期以来一直是村民和主管部门的一大困扰。当前，核心景区内因景观需要该搬迁的还要搬迁，除此之外，可搬可不搬的，可整治利用供居民继续居住和开发家庭旅舍。仙都"景中村"极具乡土特色，如雅宅、凤山下村、独峰书院，我都曾经画下速写；上樟村聚落也很有特色；河阳历史文化名村的聚落和古民居是景区的重要组成部分，堪称缙云的文化瑰宝，是不可多得的历史遗存。这些古老的村庄都是珍贵的文化遗产，应该加以认真保护和整治，使其在恬淡平和中绽放出自己独特的魅力，为风景旅游事业服务。

五、积极开辟休闲度假避暑养生场所，以适应避暑养生的需要

旅游应从观光型向观光与休闲度假避暑养生综合型转变。仙都有条件开辟适当规模的休闲度假避暑养生场所以顺应发展潮流。

城市化了的人们必然会要求回归大自然，尤其是儿童需要认识大自然，禽畜兽虫，江海星空，田园森林都是儿童们的课堂；老龄化也造就了一大批休闲人群。地球变暖，尤其是浙江工业发达，生活水平较高，夏日酷暑日益难熬，避暑已成为人们的渴求，我们需要在海拔400～800米的山区（低于400米一般仍需空调，高于800米旅游季节又过短）寻求避暑场所。

六、植物景观应摆在景观建设之首

植物是构成生态环境的主题，在风

景区中所占面积的比例最大，最能体现季相色彩和历史岁月，最能反映地域特色和乡土风貌。实践证明，大型植物景观是风景区游人最爱，也是最好的景观卖点，如杭州超山观梅，灵峰探梅，满陇桂雨，太子湾郁金香，曲院风荷赏荷，文成百丈漈红枫古道，莫干山竹海……仙都也可以营造大型植物景观，为景观添色。

风景区道路两旁绿化切忌等距规则种植，要力求路旁植树不露人工痕迹，达到先有树后有路的自然效果。尤其仙都风景区是以田园野趣为特色，植物配置更要师法自然。

对淳安芹川历史文化名村
保护规划的评议意见

芹川村是千岛湖地区目前唯一的历史文化名村，由于开发较晚，传统风貌相对比较完整。今后只要科学地进行规划、建设和管理，一定可以成为千岛湖一处历史文化亮点。

一、规划、建设和管理，要从认识历史文化核心价值入手

芹川最亮丽的是芹河呈"S"型串家连户穿村而过，河水被导入家家户户的鱼池供养鱼取水之用，又从家家户户的鱼池流出重归溪流。大自然的河流和人们的生活生产紧密地串联成一个整体，真可谓"天人合一"的典范！这种格局在我省难得一见，可以说仅此一村，这就是芹川历史文化的核心价值所在，认识到这一价值是保护规划的前提。这次提交讨论的保护规划方案并未注意到这独特的格局形态，更未认识其历史文化价值。至于芹川负阴抱阳、背山面水的环境、上好的民居和聚落肌理，诚然也具有重要的文化价值，也应规划保护好。

二、动手开展规划工作之先，须对自然、历史文化、经济社会状况调查研究

在对自然、历史文化、经济社会状况深入调查研究基础上，从感性认识提升到理性认识，梳理出一系列完整的设计概念，包括如何恢复以芹河为主轴的串家连户的布局形态，保护好传统民居和聚落，重要规划节点，功能分区，新民居如何整治，如何完善建筑风貌，绿化和环境等，理出设计概念的本质是进行理性的规划思维，这是做好规划的关键所在，如此才能做出科学的规划成果。

芹川村作为浙江省历史文化名村有她独特的村庄布局魅力和文化亮点，其保护规划所反映出的问题具有典型性和代表性。故将本人2010年10月在《淳安芹川历史文化名村保护规划》评议会上的发言摘要整理成文收入文集。

三、传统的继承

第一位的是尽可能复原家庭鱼池，从而恢复以芹河为主轴的串家连户的格局形态。疏浚水系，还原芹河水位，河岸、桥栏、路面去除水泥，恢复石质的原来面貌。

村头的风水树、优美的村口建筑及其组合十分完美，去除有碍村头景观的建筑。村尾的水碓应加以修复，这是芹川两处重要的规划节点。

还应把废弃的水井、茅厕、猪圈作为环境要素纳入规划视野。这些在历史上曾是先民的生活生产要素，现因失去生活生产价值退为环境要素，但不能因为失去实用价值而全部拆除。保留小部分并与绿化巧妙地相结合，既可作为传统生产生活的见证，又可成为现代形式的公共艺术品。

乡村绿化要避免城市化，规划要对绿化加以规范，多种些农家果树、花木、保留瓜棚菜园，保持和完善独具乡村特色的绿化氛围。

四、有机更新

历史文化是发展延续的，要保持生命力必须更新，称为"有机更新"。非文保单位的历史建筑的居民的生活条件必须改善，室内必须进行现代化改造，现代设施必须配备。杭州法云弄村的改造，说明这是可能的。要大力提倡开办家庭旅舍，使居民在发展旅游中受益。空闲的场院不要浪费，可开辟为居民和游客的休闲空间。

村庄建筑的外墙材料要整治，去除面砖大理石贴面，恢复以石灰墙、土墙为基调的传统风貌。一时整治不了的可用攀缘植物加以遮丑挡陋。

利用过时的生产工具、生活器具配以绿化作为公共艺术品装扮街角场院。去除所有商业广告。招牌式样要力求古朴乡土。村口开辟一处游人中心，为游客提供本村的历史文化和旅游信息服务场所，这是现代旅游必备的建筑设施。

少量新添的建筑反对造假古董，应做到现代与传统相结合。

总之，芹川历史文化名村保护规划要特色鲜明，不可落入俗套。其他历史文化名村保护规划同样也不能落入俗套。

缅怀恩师汪国瑜先生

2009年冬，京城最冷的时节，汪又绚来电话，说是她爸爸（汪国瑜先生）因肺癌晚期住院抢救。这消息突然袭来，如剧烈寒风，冷然刺骨，令人心痛。

汪先生生日与国庆同时。2009年汪先生91岁大寿时，我向他电话拜寿，他不是还好好的吗？我问候他："您近来身体都好吗？"他反问："你听我的声音如何？"电话里先生的中气十足，还要我代向杭州的几位老友一一转达问候。他的记忆力之强，思维之敏捷，令我自叹弗如，怎么一下子就不行了呢？

恩师汪先生的健康长寿是我的最大心愿，我最怕听到的就是他生病的消息。结束了与又绚的通话后，我放下手头工作，连夜飞往北京，次日上午即赶到海淀医院的重症隔离室，汪先生隔着玻璃看见我，就惊喜地睁大眼睛并做出想探身的姿势。我赶紧走到他的病榻前问候。他戴着氧气面罩吃力地连声说："谢谢！谢谢！"见他呼吸困难，我请他不要说话，我说了许多宽慰他的

话。此时，我的心头不由得浮起一片悲凉……

这时，师母赵为钊先生和又绚将刚从出版社取来、尚未应市的《汪国瑜画集》和《半窗墨迹》代汪先生赠送于我。我被作为第一位受赠者，师生情谊，难以言表，仅仅"谢谢"无以答谢这比金子还贵重的礼物。

重症隔离室的探视时间有限，汪先生的呼吸又是如此困难，我只得忍泪道别，而这一离别，我将再也见不到他慈祥的面容了。

以往每次进京，必去探望汪先生，在他的书房"半窗斋"聆听他的教诲并欣赏他的新作，获益良多。听他讲新作的心得；欣赏黄山云谷山庄设计草图；欣赏他一生积累的速写手稿；请教他如何练就秀美的书体，他嘱我正楷练唐欧阳询《九成宫醴泉铭》，隶书练东汉《曹全碑》，行书练王羲之《兰亭序》等。我曾多次邀请汪先生来浙江指导规划设计，只要精力体力许可他总是有请

2011年3月18日为纪念恩师汪国瑜先生逝世周年而作。登载于2012年《清华校友通讯》复65辑。

必到，西湖、普陀山、楠溪江等山山水水都留有他辛劳的足迹和宝贵的指点。浙江美院（现中国美院）师生曾在他的个展和草图技法表演中领略了汪先生建筑画的风采……但失去恩师，这些也随之不再了。

汪先生为人儒雅谦逊，为学广博精深，为师诲人不倦，有着近乎完美的人格。汪先生总是给予而不求索取，一生与世无争。

我就读清华大学建筑系六年中，有幸拜读于汪先生门下整整三年，且是最关键的后三年。进入大四时，蒋南翔校长指示为保证外国留学生的教育质量，各有关专业设留学生特别班，挑最优秀的老师执教，每位外国留学生由一位中国学生陪读。故此我从大四起直至1962年毕业均在留学生特别班陪读。期间，三年建筑设计课一直是汪先生执教。我记得，第一次见汪先生印象特深。1958年他刚从苏联考察访问回国，西装革履、仪表儒雅、相貌英俊。后来，1959年清华大学建筑系设计国家大剧院、国家美术馆等国庆工程，处处可见汪先生的精彩手笔。汪先生是清华建筑系公认的名师，得知由汪先生执教真是喜出望外。所谓名师出高徒，我暗自下决心一定好好跟汪先生学，再说我还负有陪读的任务，因此我的学习也是格外认真。

汪先生既是名师又是严师，他治学极其认真，要求极其严格。汪先生的授课从削铅笔和运笔开始：如何使笔尖始终保持尖锐，如何使线条粗细自如，如何画线横竖匀直，如何控制笔触的缓疾轻重。汪先生一一纠正我的不良习惯，分别传授铅笔、炭笔、淡彩、色粉、色纸等建筑绘画技法，以及建筑配景：如何画千姿百态的树木、各式各样的树干、枝条、树叶，如何画花画草、画人画车。汪先生示范时，手把手地教。汪先生尤其强调要养成一种随时随地讲究构图的严谨作风，他要求画面完整，每张图纸，即使是一张一般的草图，无论平面、立面、透视，均要求能在任何时候脱手都独立成画，绝不允许养成随心所欲瞎画的恶习。这对我作图作画养成良好的构图取景习惯打下了很好的基础。汪先生甚至有不成文的规定：方案图非徒手草图不收，并且方案图不配透视图亦不收。他还要求透视图必须是准确求出来的，而不是随意勾画的。这种严格训练，对于我形成快速求透视的基本功，和在设计过程中判断真实的透视效果的本领以及速写能力，是决定性的。1980年我参与杭州西湖湛碧楼的设计竞赛，一天之内画出了室外室内十几张透视图，而且是古典园林建筑的透视，同事们无不啧啧称奇。这都是清华汪国瑜先生严谨执教的结果。

汪先生十分重视培育学生的素养，常常要让我们自己来评议分析方案的优劣，分析构图，分析比例、尺度、色调……要求我们在日常生活中、逛街游览中，随时随地对建筑及其空间环境进行分析评判，教我们从民居建筑中汲取营养。汪先生的呕心沥血和倾囊相授，培养了我终身受用的基本功和学术研究能力。他那"佳者借，美者留，丑者裁，俗者隔，缺者补，错者移，繁者简……"等精辟的作画美学艺术思想深刻地影响了我一生，至今仍是我面对空间视觉环境的基本美学准则。

当时我对于学业也如饥似渴。有人说我的画风像汪先生的，我自知远没有学好，但确实是认真学了。到毕业时，特别班其他的中外同学答辩已经结束，轮到我已是最后一位了，汪先生说了一声："免了！"不经答辩就直接给了5分，这在清华也是少见的，算是对我的学习成绩的一种认可吧。

对汪先生授我的看家本领，我感激不尽。而汪先生不仅教我学问，还对我的生活无微不至地关怀。他知道我兄弟姐妹多、家境困难，每每给我改图时，都留下几张草图纸以解我的窘境。更令我一生难以忘怀的是，在1960年代困难时期汪先生从家里带来一大罐师母煮的黄豆送我，这是国家特配给教授补充营养的，先生却送我了，这是何等的关爱啊！我感动得潸然泪下，说不出话来。

汪先生学识过人，但从不张扬，送我的墨宝也多题："宁静致远"、"淡泊明志"、"陋室铭"，与他低调谦逊的人格完全一致。汪先生不仅言传学问，更是身教做人。在我的心中，他的为人是那么完美，他给我的恩情是那么厚重。他不该走，我真舍不得他走，但他还是无可挽回地走了。我再也见不到他慈祥的尊容了，再也听不到他谆谆的教导了……

我永远地缅怀他，恩师汪国瑜先生。

历史文化遗产地的保护与更新

该文为2011年6月、12月两次在浙江省历史文化名城名镇名村保护规划师学习班上的演讲摘要。主要针对历史文化遗产地保护工作中的"保护与更新"这一突出问题，论述了历史文化遗产地的保护和历史文化遗产地的更新两大问题及其相互关系。

所谓"历史文化遗产地"是泛指具有历史文化价值的地区，具体对于我省是：今年被联合国科教文组织批准的"杭州西湖文化景观"，7个国家级历史文化名城（杭州、宁波、金华、衢州、临海、绍兴、嘉兴），16个国家级历史文化街区，14个国家级历史文化名村和11个省级历史文化名城（温州、余姚、湖州、舟山、东阳、兰溪、天台、松阳、瑞安、龙泉、海宁）及79个省级历史文化街区、村镇。诚然还有一些尚未上报等级的历史文化遗产地。

我省历史文化名城工作始于1979年杭州市城市总体规划修编，该市1982年被批准为第一批国家级历史文化名城。追溯我省遗产地工作已经有30余年历史，应该说这30余年进步很大，经验积累也颇丰富，法律法规也渐趋完善。然而随着我国经济社会的快速发展和公民历史文化意识的提高，以及对外文化交流的扩大，对于历史文化遗产地工作的要求也越来越严，相应的工作难度越来越高、问题也越来越多。其中"历史文化遗产地的保护与更新"就是一个突出的问题。

我国长期以来都是讲"保护与利用"，而德国讲的是"保护与更新"，我觉得德国提法较为妥当。许多人怕讲"更新"，其实"更新"是绕不开的话题，只讲利用不讲更新，有的遗产地是很难利用的，也是很难保护的。所以我想谈谈"保护与更新"。

一、关于历史文化遗产地的保护

（1）毋庸置疑，历史文化遗产地首先要贯彻"保护为主，抢救第一"的方针，这是我国从吸取惨痛历史教训中制定的方针。我国数千年灿烂文化遗存历经天灾人祸尤其是人祸，遭受惨重的摧残以至于毁灭，现所剩无几。遗产地遭到大破坏，一是20世纪50年代，二是"文化大革命"，三是旧城改造。50

年代初梁思成先生提出北京建新城保古城，他认为北京古城价值不仅在于个别建筑类型、个别艺术杰作，最重要的还在于各个建筑物的配合，全部部署的庄严秩序，在于它所形成的宏伟而美丽的整体环境，而且这一整体环境是世界上任何一个城市无法比拟的。梁先生如此真知灼见、如此严肃的问题却遭到了如此严肃的批判和否定，从此首都古城陷入了大规模破坏的深渊，其影响波及全国几乎所有城市。我亲历了温州拆墙筑路、毁桥填河的那段惨痛历史，温州信河街原来是一处一河两路有二十三座小石桥，滨河尽是高大榕树，沿河两岸商贾大宅云集的优美的传统街区，几夜之间就变成了一条马路，现又拓宽成大马路。我国"文革"口号是"破旧立新，不破不立，先破后立，破字当头，立在其中"。我上大学期间北京城墙尚存，而在"文革"史无前例的十年浩劫中遭到厄运。旧城改造，由于干部们对历史文化的惯性思维作祟，又来了一场"理直气壮"的破旧立新。而今为了使"保护为主，抢救第一"的方针真正得以贯彻执行，最重要还是要深刻认识历史文化遗存的价值。日本与我国有着可以认同的文化渊源，他们的建筑技术还是鉴真东渡带去的工匠所授，不少建筑还是中国工匠亲手所建，如唐招提寺建造、

东大寺重建。梁先生说日本人换代不换建筑，而我国换代必换建筑（个别例外）。这就是在日本可以处处看到"唐风"的古建筑，而唐代建筑在我国只有五台山佛光寺大殿一处的主要原因。日本对待历史文化遗产，不仅重视文物价值，更重视社会价值，即重视民族的认同感，民族的凝聚力。日本"二战"后，将各城市被毁的作为标志性建筑的古城堡——天守阁逐一原样修复。我见到如奈良东大寺、法隆寺、唐招提寺、日光东照宫、宫岛五重塔等都保存得如此完好，见其来自中国的唐宋风格建筑文化如此光辉灿烂，深感心灵震撼。德国把历史文化遗产视作民族象征，他们认为只有尊重自己光荣历史和文化传统的民族，才能建设自己美好的未来。他们对待历史文化遗产还重视其精神价值。战后的德国在废墟上仍然按照历史原样修复古城，高度现代化了的德国依然古色古香。可见历史文化遗产不仅不会阻碍社会进步，相反，历史文化遗产所产生的精神价值还可以变为物质力量，可激发出将国家推向前进的驱动力。

（2）复古在"特殊情况需要"时是必要的。《文物保护法》第二十二条规定："不可移动文物已经全部毁坏的，应当实施遗址保护，不得在原址重

建，但是因特殊情况需要在原址重建的……按规定报批。"这种"特殊情况"，我的理解是：

第一，"文革"十年之类的浩劫可以视作为战火，被毁的重要的历史建筑可以部分重建，如同德国历史文化建筑被"二战"战火吞没，战后又根据历史档案大规模重建一样。这一类应该视作"特殊情况"。

第二，从重视遗产的社会价值和精神价值的角度，一些涉及名城名镇名村历史文化重要构成要素，但已不复存在的，尤其在古城区，如杭州西湖雷峰塔、城隍阁，其他历史文化遗产地的标志性塔、阁、钟鼓楼、孔庙，等等。再如龙泉市政府（旧衙门）门前的扪心亭、三思桥，是一组非常难得的封建时代一任清官为提醒县衙官吏们自律而建的警戒性建筑。乾隆三十年在县衙前建瀛亭，亭前为三思桥，同治元年改称"扪心亭"，知县在桥头树碑，题："吾日扪心几句有愧否，为人处世三思而后行"，这是一处渗透着多么浓重人文思想的极为珍贵的遗存（见附图）。令人十分痛心的是，龙泉市这些遗存20世纪50年代被毁。类似这些遗存值得修复，好让世世代代的官员们为官要三思而行、扪心无愧。这些构成要素也可以视作"特殊情况"。

（3）反对建造毫无根据的臆造的假古董。前不久央视有一个枣庄市长关于台儿庄古城保护问题的访谈，他提出台儿庄要"存古"、"复古"、"创古"，"存古"诚然是对的，"复古"有时是必要的，但是"创古"，我听了非常愕然！只听说"创新"从未听说过"创古"的，古如何能创！谁听到过发达国家有"创古"一说？谁见过欧洲当代还建设文艺复兴式市政厅、哥特式教堂？"创古"的说法是何等滑稽可笑！我省类似"创古"活动也不少，如"创建仿古一条街"、"创建新的古廊桥"，甚至"创建历史文化名城"。这些做法实不可取，应予以制止。理由是：

a. 因为无根据的假古董不反映历史，毫无历史文化价值可言。文化是发展的而不是凝固的，没有根据的假古董违背客观规律，是开文化之倒车。

b. 假古董不适应现代物质和精神生活的需求，劳民伤财。

c. 假古董造成时空错乱，不仅不起到保护历史文化的积极作用，反而起到伤害真古董历史文化价值的消极作用。

（4）名城要有"城"的概念。顾名思义，名城保护的主体是"城"，而非文保单位+历史文化街区的集合体。

我省名城一般多为清末民初以城墙、护城河所包围的城区。有"城"的概念才有名城的历史文化象征意义，才能唤起人们对故土的生活记忆，才能有乡情的心理维系。德国累根斯堡市长说的好："单单从经济和文物的角度看古城的功能是不够的，1.6平方公里的古城区仅占城市的1/50，然而市民的意识，这1/50才是累根斯堡的象征。"

有了"城"的概念，才能区别古城和非古城的差异，才能区别保护政策中有关古城的"紧"和非古城的"松"的差异。有不少名城名镇把古城区的范围扩得很大，失去了"城"的基本概念。有的规划中还在镇（村）口建设超大的广场，镇（村）尾建商业"古街"，与历史文化遗产地的保护的本质意义背道而驰。

2005年《历史文化名城名镇保护规划规范》有"历史城区"（即古城区和旧城区）的概念，遗憾的是保护体系只提到历史文化名城、历史文化街区、文保单位三个层次，未强调"历史城区"的保护，也未提及"历史城区"在历史文化名城中的核心地位。现在虽然古城已经难以复原，但还是需要千方百计找回古城的历史记忆。古城必要的构成要素如城墙、城门、护城河、标志性建筑等还是需要部分复建，还需采取某些唤

龙泉扣心亭老照片

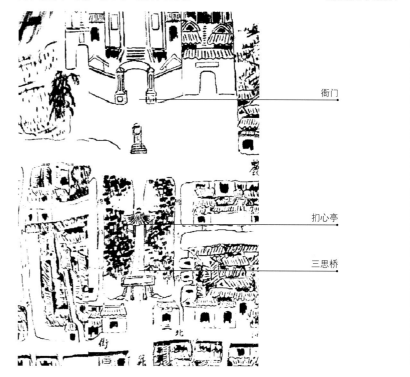

龙泉古城图三思桥、扣心亭、衙门位置示意

衙门

扣心亭

三思桥

起古城记忆的代偿措施，如在历史博物馆里展示古城模型，在城市广场作出古城或古城演变图示，在古城墙、护城河、古城构成要素原址上作出记忆性标识，如英国切斯特市在古城区作了许多记忆标识。如今我国绝大部分历史文化名城名镇的古城区已面目全非，强化"历史城区"的保护，唤起古城区的概念应列为保护规划的重要内容。

（6）扩大对遗产范畴的认知，《历史文化名城名镇规划规范》中提到保护"历史环境要素"，实际规划中有的提到了"历史环境要素"，有的根本就未提及。其实"历史环境要素"是历史文化遗产地遗产的重要组成部分，欧洲许多国家甚至把散落的古罗马建筑的砖瓦、砌石镶嵌在现代建筑的墙体上，他们认为这些砖石承载着一千多年的历史。需要我们扩大认知的，除规范中提到的要素之外，水井是重要的环境要素，因为水是生命之源，水井旁边有过无数的历史人物，有过人们津津乐道的历史故事；其他如碓房（舂米的作坊）、水车、消防水龙、猪圈、牛棚、茅厕等等一切过时了的生产工具生活器具，也属于"环境要素"，它们能勾起人们对先民生产生活场景的联想，能给后人以农耕文化的知识；那样斑驳的墙面、破损的石栏、残缺的砖雕木雕也记载着历史的沧桑。还有依存于物质遗产的历史故事，名人轶事也属于需要保护的遗产范畴；甚至代表某个时代的口号标语、日军残害人命的罪迹也可以列为遗产保护的内容。如缙云仙都河阳古村很好地保护了太平军留下的试刀砍痕的民居木柱"试刀柱"和太平军抓来俘虏拎扎长辫子的"穿辫门"。如英国苏格兰与英格兰接壤处的格莱特娜绿地村保留了铁匠铺的历史故事：1754年英格兰规定婚礼必须在教堂举行，且21岁以下没有父母同意不得结婚，而苏格兰规定只要到16岁，父母不同意也可结婚，于是英格兰许多青年跑到边界小村这个铁匠铺，请铁匠神甫主持婚礼。由于保留这一历史故事，这个村庄每年接待50万人来此度蜜月。再如，日本仓敷美观历史遗址有一个故事馆，该馆收集了当地流传的历史故事。

（7）认识乡土文化特色的遗产价值，重视乡土文化特色的发掘。乡土文化存在的悠久历史本身就是其生命力的体现，各地有各自的乡土文化特色，不要以为粉墙黛瓦、马头墙、翘屋角是放之江南皆宜的传统建筑符号。仅浙江民居，由于自然条件和社会环境的差异，至少六、七种类型，浙北、浙中、浙南，水乡、山区、海岛各具特色。

（8）旅游事业开发切忌将历史文

化遗产地游乐化、商业化。近些年丽江大研古城挂满了红灯笼，夜晚歌舞升平处处迪斯科，严重伤害了古城的历史文化氛围，这不可仿效。应清理不雅的商业广告、招牌、小品，这些物件虽小，但对遗产地文化氛围的祸害挺大。

（9）文保单位不宜过多，不然保护面太大难度太高。按《文物保护法》要求："与重大历史事件、革命运动或者著名人物有关的以及具有重要纪念意义、教育意义或者史料价值的近代现代……代表性的建筑"国家要保护，这里指的是"重大"、"重要"且具有"代表性"的建筑。

二、关于历史文化遗产地的更新

更新是以保护为前提的更新，更新与保护是一个事物的两个方面，是有机的整体。保护历史文化遗产地是使其活下来，更新是使其活下去，使遗产地的生命得以延续。因此更新是必要的，是"有机更新"。完全博物馆式的保护将会把历史文化遗产地带进死胡同。历史文化遗产地既古色古香又生机勃勃是我们追求的目标。

（1）历史文化遗产地的更新是现代物质和精神生活的需要，在物质层面和精神层面都是必需的。

物质层面，遗产地的人们要延续生活，需要现代文明、现代基础设施、现代服务；要发展旅游休闲度假事业。1976年《内罗毕建议》也提到："保护和修复工作应与振兴齐头并进"。

精神层面，遗产地需要治理脏乱差，使之焕发新面貌；需要发挥历史文化资源的科普教育功能；视觉上需要更加赏心悦目。

（2）文保单位之外的一般历史建筑要经改造才好利用。居民要改善居住条件，上下水、电器、采光、通风、保暖、厨卫、防潮、防蚊均需改善。民居应允许开发家庭旅舍（英国称"B & B"即Bed & Breakfast，日本称"民宿"）。诚然我国木结构民居改造难度很大，但难度再大也要改造，否则不能利用。杭州法云弄整个村的土墙民居经过改造，内部更新风貌不变，成为高档旅馆可资借鉴的上佳经验。

（3）遗产地的基础设施，上下水、污水治理、水系疏浚、防洪排洪、道路、路灯、护栏、休闲凳椅、电视、互联网、天然气、环卫设施都应逐步具备。猪圈鸡舍应外迁。

（4）聚落的场院可适当改造利用，借鉴发达国家经验，场院配置绿化作为居民邻里交往空间、休闲度假空间和儿童游戏场所。

（5）遗产地可以适当开发与传统格局、传统风貌不相冲突的旅游服务设施，如家庭旅舍、餐饮、观光农业、垂钓等。

（6）遗产地内必须添建的建筑，要符合现代功能，要有时代感，体现时代精神，力求做到现代与传统相结合，其建筑高度、尺度、色调、质感还要与传统风貌和格局相协调。在历史文化遗产地添建现代建筑，在欧洲不乏成功的作品。不要错误地把保护传统风貌与建假古董划上等号，许多城市建仿古一条街，浙南山城新建仿古廊桥，这样建下去岂不是泥古而不化吗？

（7）可利用过时了的生产工具生活器具配以花草作为公共艺术品，装扮场院街角路边水岸，以增强历史文化遗产地的历史文化氛围。布置得好甚至可起到露天博物馆的作用。民俗馆形式已经用得过滥，现有许多民俗馆已经成了古董仓库，应采取更加生动的展示方式，最好能结合生产场景和生活场景。

（8）运用绿化手段改善历史文化遗产地的环境。绿化是改善生态环境的主要手段，也是最廉价的美化环境的手段。遗产地一些短时无法改观的有碍传统风貌的建筑物、构筑物可用绿化、种植攀缘植物挡陋遮丑。绿化本身身也是文化。名镇名村绿化应当避免城市化、公园化，保持农家绿化氛围。应多种果树，可保留菜园，既美化了环境又可为游客提供绿色食品。

（9）建立游人中心（Visitor Centre，大中城市可以是城市博物馆）和完善的标识、解说牌体系，以发挥历史文化遗产地的科普教育功能。游人中心的性质是信息中心（或称Information），主要提供遗产地有关历史文化信息，是进行历史文化的科普教育的场所，可以利用历史建筑改造，也可以新建。标识、解说牌系统是信息服务的延伸，是现场的直接的科普教育媒介。

走出规划设计的几个误区

误区之一：

将概念性设计（或概念性规划）误认为概略设计（或概略规划）

概念性设计（或概念性规划）是由于近十多年来发达国家的设计事务所在中国搞设计而引进的国外常用的先进设计方法，英文叫conceptual design，这是做好设计的基础一步。所谓概念性设计是有设计概念的，英文叫design concept。

概念是反映对象的本质属性，概念形成的过程中将感性认识上升为理性认识。设计概念要反映设计对象本身的属性（或特性）。其概念形成的过程是在对设计对象的工作背景、自然、历史人文等进行充分调查分析的基础上，经过从感性到理性的认识升华，提出一个完整的足以解决设计中重要和关键问题的具有指向性的理性概念，进而依此进行设计，以求达到所追求的指向目标。举温州景山公园设计为例，设计起始就应对这315.4公顷面积公园的工作背景、自然、历史人文作充分的调查分析，在此基础上先理出一系列设计概念，比如：

（1）目标是将一处经过数十年无序建设开发的庞杂又景观凌乱的"景区"，调整治理成为温州最大最优质的大型近郊公园。

（2）墓葬能移则移，不能移的必须用绿化和道路调整手段将其阻隔于游人视野之外。

（3）与公园无关的单位和个人要迁出。

（4）结合外部道路交通条件和人流方向以及城市公交站点的布局，规划若干个出入口。公墓出入口应直接从外部干道接入，不再从公园内部穿越。

（5）公园内已有的温州热带植物园是我省唯一的热带植物园，具有较好的基础，资源极为珍贵，是景山公园一大优势，应尽最大可能扩大规模，增加

近些年由于接触规划设计、参与规划设计评审和咨询甚多，感受到规划设计领域存在一些误区，该文列举了十个误区与同行切磋探讨。2010年3月完稿。2011年12月在中国风景园林学会风景名胜专业委员会学术年会上作了论文交流。原载《中国风景名胜》2012年第1期和《浙江园林》2012年第1期。

植物品种，完善设施，提高品位。这是景山公园的特色和规划的主题。

（6）哪些建筑可保留，哪些建筑可利用改造，哪些必须拆除，哪些应予隐蔽。

（7）全园大致分几类建筑风格，拟求得何种建筑风貌。

（8）道路交通的静态和动态的构想。

（9）植物景观规划，根据不同土壤、小气候条件确定植物配置原则，尤其是温州热带植物、市树市花如何配置。

（10）景山外眺和景山内部的景观视廊以及借景、对景、观景建筑和观景平台设置布点。

（11）采石场、陡坎的处置方案。

（12）景山与外围河湖绿地的衔接及其相互渗透。

上述例子的一系列概念，都是从感性到理性发展而来的。自己出题，自己解答问题，题出得好，解答得对，设计就成功一大半。

再比如，杭州余杭金城房屋开发公司的一块地7.828万平方米，容积率1.83，南北长400多平方米，是一块南北长东西狭窄、地势高低不平而中间又高起的破碎地，西边有一条因道路开山而成的长陡坎，像这样一块非常难处理的地块，更需要先分析地形和交通环境，提出问题，理出概念，如对出入口

选择，地形的不利如何变有利，中央高地怎样利用，会所位置，机动车道与人行道的布局，陡坡如何改观，高层多层如何布局，等等，在理性的概念指导下就可能高效率地提出好方案。

总之，概念设计是有概念的，即使不叫概念的好设计同样也应该是有概念的。只有概念合理了，设计才理性，理性的设计才可能是好设计。单从感性就着手设计，对自己设计成果讲不出所以然，是不可能搞好设计的，那是瞎子摸鱼，败多成少，是低效率的。因此，设计概念合理与否是设计乃至建设成败的关键。

现在多数设计人员、业主将概念误解为概略，其实英文概略设计是sketch，即粗略方案或草案。还有的将概念等同于所谓"理念"，什么"因地制宜"、"可持续发展"、"生态优先"之类，还有"以人为本"、"有机更新"，那也不是概念，更有的把设计原则也说成设计概念。

误区之二：

非理性地处置非文保单位的历史建筑，简单地采取"拆"或"留"

对于各级文保单位在城镇、村庄的规划和管理中，一般还能遵照《文物保

护法》加以保护。而有些城镇、村庄对于非文保单位的历史建筑的处置过于简单，往往拆得过多。由于我国历经人祸，历史建筑已所剩无几，能幸存下来的都十分珍贵，这些历史建筑是城市历史文化街区、历史文化名镇、历史文化名村构成的主要物质基础，处置它们要慎之又慎。德国人对待历史遗存的态度值得学习。他们极为尊重自己光荣的历史和文化传统，他们认为只有尊重自己光荣的历史和文化传统才能建设美好未来。"二战"后德国城市一片废墟，他们在吃不饱喝脏水的条件下，根据历史档案着手修复自己的城市，现代的德国大地依然是一片古色古香。我1987年访问联邦德国时，累根斯堡市长在欢迎词中一句话耐人寻味："单单从经济和文物保护角度看古城区的功能是不能的，1.6平方公里的古城区仅仅是我市面积的1/50，然而市民的意识是，这个古城区才是累根斯堡的象征。"他们认为保护好历史遗存具有多种功能，在精神层面，会产生民族凝聚力，激发民族自豪感，进而使整个民族迸发出将国家推向前进的驱动力，这种力是无形的，但却是巨大的。学习德国，我们就能认识到历史遗存是多么的珍贵，不会轻率地将其拆除，而会尽最大努力将其修复使其延续永存。有些重要的已不复存在的历史建筑还应该根据历史原貌复原。同时，我们要坚决反对乱建假古董，更反对臆造仿古一条街，那样做并没有体现历史文化价值，反而模糊了时空。假古董既不符合现代生活功能需求，又冲淡了真古董的价值，实际上工匠的技术和工艺也早已失传，永远达不到几百年前的水平，其结果是劳民伤财，事与愿违。

关于"留"，文保单位的修缮一般能注意原真性，遵循少干扰、可识别性、可逆性，正确把握审美原则。20世纪50年代初梁思成先生曾对赵州桥修得过新提出批评，要求古建要"修旧如旧"，这个"旧"字指的就是现在所提的"原真性"。对于历史文化名城名镇名村的保护，应遵循2008年公布的国务院《历史文化名城名镇名村保护条例》，应当整体保护，保持传统格局、历史风貌和空间尺度，不得改变与其相依存的自然景观和环境。"在历史文化名城名镇名村内从事建设活动，不得损害历史文化遗产的真实性和完整性，不得对其传统格局和历史风貌构成破坏性影响"，"历史文化街区、名镇、名村核心保护范围内的历史建筑，应当保持原有的高度、体量、外观形象及色彩"。以上规定与"二战"后，关于历史文化保护的一系列国际宪章是一致的。1964年《威尼斯宪章》关于历史文物建筑的概念"不仅包含个别的建筑作品，而且包含能够见证某种文明、某种有意义的发展或某种历史事件的城市或乡村环境。"1987年《华盛顿宪章》则如此描述："本宪章涉及历史地区，不论大小，其中包括城市、城镇以及历史中心区或居住区，也包括其自然的和人造的环境。除了他们的历史文献作用之外，这些地区体现着传统的城市文化价值。"国内、国际有关文件的规定都是经验教训的结晶。然而，大量非文保单位的历史建筑都已经十分破败，是原住民最不愿意居住的，简单的"留"是绝对"留"不住的。海宁市历史街区保护花了数亿元，回迁率仅10%就很说明问题。这些历史建筑不可能像文保单位那样同样等级进行博物馆式的保护，即使花大钱保护了也是不能使用的，所以必须"有机更新"，有人提"有机生长"，德国提"保护与更新相结合"。在更新的过程中，《华盛顿宪章》提倡"鼓励当地居民积极参与"。德国、日本等许多发达国家的历史建筑的更新、外貌仍古色古香，室内已经过现代化改造能适合现代功能的需求，这方面他们有丰富的成功经验，巴黎罗浮宫就是一例。像柏林居住区中间的许多废墟，经过"更新"开辟为邻里交往空间和儿童游戏场或者露天吧。我们在历史文化遗产地的历史建筑更新利用时要注意进一步善待老人，老年人生命快近终点，理应让他们享受最后的现代文明，应该将历史建筑更新得更加舒适一点，不要在破祠堂里摆几张麻将桌了事。现在有种我不赞同的观点：供老人居住、活动的建筑要古典一些，我认为供老年人的建筑反而应该现代一些。还有在不少历史文化名镇名村的保护规划中都开辟了大面积广场，如此既无实用价值，又破坏了历史形成的肌理和尺度，使遗产地失去了历史感，也缺乏人情味，而应以利用废墟、场院空地尤其滨水空地多开辟休闲小广场为宜。

误区之三：

没有认识"景中村"的风景旅游价值，只是视作风景区的负担

我省国家级风景名胜区18个（24处），省级风景名胜区43处，占省土面积6%，国家级数量之多与贵州省并列全国第一。以往规划大多要求"景中村"外迁或加以种种限制，以至长期以来"景中村"问题成了村民和主管部门的一大困扰。现经过二十多年风景名胜区工作的实践和借鉴学习国外经验，发现我们进入了一个误区，"景中村"其实不一定都非搬迁不可，核心景区内村庄如因景观需要非搬迁不可的还是需要搬迁，其他

可搬可不搬的可以通过整治加以利用。

"景中村"的聚落和民居本是一份文化遗产，经过有机更新可一举多得，能取得良好的社会经济和环境效益，增加了旅游接待能力，使农民受益致富，"景中村"又可以成为乡土文化景点。西湖除了非搬迁不可的之外，已对十多个村庄进行了整治，现在除翁家山村以外，村庄已全部整治过一遍以上，其整治效益已经显现。

近些年建起来的不雅民居，对风景区景观破坏最为严重，需要用加减法加以改造，使之与传统风貌相协调。

"景中村"整治工作重要的是要使村民参与，允许他们开设家庭旅舍，在英国等西欧国家"B&B"（Bed & Breakfast）、日本"民宿"是旅游接待的主体，我们可以把"景中村"整体视作一个旅馆，如此可使村民受益致富，又可调动他们保护风景资源的主动性、积极性，又可节省旅游建设资金，又可节约建设用地，还可避免"建筑为患"，一举多得。杭州法云弄村通过整村出租给安缦集团，将一个完全空壳的以土墙为主的乡土村庄改造成为一处杭州乡土特色浓郁的高档山庄，这种特殊的整治方式也可资借鉴。

"景中村"为适应旅游，还需改善环境卫生，鸡窝猪圈要外迁。需要增添农家绿化氛围，搭好瓜棚料理好菜园，为游客提供绿色食品，还要开辟老人和儿童的休闲娱乐游戏场所。

"景中村"为了疏散人口，千万不要挨着老村建新村，以避免造成"景中村"传统风貌的更大破坏，应该远离老村建新村或者走城市化道路，外迁村民在城镇安置。

误区之四：
忽视乡土文化的科学和历史文化价值

历史文化名城、名镇、名村是乡土文化的宝库，其传统民居、建筑碎片、废弃的农耕文明的形形色色的生产工具生活器具如水碓、水车、风车、水井、茅厕、猪圈、石磨石臼、蓑衣斗笠，乃至方言，全都是珍贵的乡土文化遗产，"景中村"的乡土文化还是风景资源的组成部分。英国约克国家公园将约克方言与英语（普通话）对比，我省廿八都将方言与普通话对比，作为乡土文化的内容来展示，引起游客很大兴趣。

乡土文化对于城市化了的人们，对于现代人和后代人来说，可以从中学到丰富的农耕文明的科学和历史文化知识。而乡土文化的展示方法，要走出千篇一律的民俗馆模式，形式要灵活多样。如生产工具可结合生产场景，生活器具可结合生活场景。还可以作为公共艺术品，配以花草装扮街巷场院。甚至可以将整个村庄布置成为一处露天博物馆，既可增添浓郁的乡土文化气息、美化环境，又可给人以知识。

误区之五：
将古典园林建筑式样视为园林建筑的永恒模式

园林建筑是文化，文化是发展的，随经济社会的发展而发展。将古典园林建筑凝固为永恒不变的模式，显然是违背文化发展规律的。余森文老先生❶早在20世纪50年代初就提出建设社会主义大园林，他在继承苏州、杭州江南古典园林的优良传统的同时，引入了英国疏林草地的大园林手法，领导杭州市建设了花港观鱼，改造了柳浪闻莺，开辟了杭州植物园，拓展了刘庄汪庄，将园林的性质从过去只为少数人服务的私家小园林，发展成为人民大众服务的社会主义大园林。现代经济社会、科学技术飞跃发展，城市居民的生活方式已大为改变，美学观念发生了巨大的变化，城市空间形态也与以往迥然不同，现代、时

❶ 余森文（1904－1992），早年留学英国，我国园林界老前辈，杭州市园林局首任局长，原浙江省建委顾问，原中国风景园林学会副理事长。

尚、舒适、丰富成了现代园林建筑的发展取向，仅仅凝固于古典园林的式样显然是不合时宜的。比如丽水瓯江的江滨绿地，其新建的园林建筑仍采用古典园林样式，显然与丽水城市的现代化、现代人的生活情趣格格不入。风景园林中一些供休闲的建筑，本可以大玻璃通透观景的，因为拘泥于古典样式，其功能大打折扣。如上海徐汇公园、杭州太子湾公园、黄岩永宁公园等，它们突破传统模式走创新发展之路，展现了时代精神，顺应了文化发展的客观规律。

误区之六：
将马头墙、翘屋角，粉墙黛瓦视为江南普遍适用的传统建筑符号

我国幅员辽阔，传统建筑文化形态纷呈，单就浙江省而言，由于地域的自然、文化、习俗不同，传统建筑形形色色，也并非马头墙、翘屋角、粉墙黛瓦是浙江省普遍适用的代表形式。杭加湖平原以绍兴为代表的小桥流水人家，硬山墙、黑门窗，极少马头墙。浙中民居木雕、砖雕丰富，多大宅院。浙南民居以楠溪江为代表的大出檐、穿斗式，少见马头墙。浙西民居，土墙石墙为多。滨海海岛民居，因多台风，短出檐、低

矮石墙、小窗户，以温岭石塘最为典型，被誉为东方的巴黎圣母院。

城镇规划、风景区规划、建筑设计要体现传统文化，首先要深入当地采风，提取当地建筑文化的精髓，然后有机地将其融入现代城镇规划、现代建筑设计中去，如果搬用别地的建筑文化符号，其结果建筑成了舶来品，不伦不类，也搅乱了当地的传统风貌。

误区之七：
城市绿化生搬套用杭州西湖模式，村镇绿化城市化，风景区绿化公园化

杭州西湖的绿化成就，无疑是我国城市园林绿化的楷模，值得学习借鉴。其成就的取得也是在我国园林学界老前辈、杭州园林局首任局长余森文先生倡导下，继承了我国传统的园林技艺：师法自然、地形起伏、道路湖岸曲折、巧于借取、小中见大、注入文学艺术美、讲求植物修枝艺术、植物与叠石巧妙组合等等手法；同时吸取了英国式园林的科学内涵，如仿植物自然群落，保育自然植被自然林相，讲究乔、灌、花、高中低搭配，开辟疏林草地，创造大型户外活动空间等。我们首先要学习的是余森文先生的园林思想和西湖园林绿化的科学内涵，而不只是某种形式。各地有各自的自然地理条件，有各自的植物资源，应创造各自的园林绿化特色，比如温州，具有我省得天独厚的气候和热带植物资源优势，最能创造温州绿化特色。

村镇绿化要营造农家氛围，力避城市化，多种植农家树种，如竹子、棕榈及柿子、枇杷、柚子、石榴、樱桃等各类果树，多种植蜀葵、木槿、紫茉莉、鸡冠花、凤仙花等农家花卉，甚至搭置瓜棚、保留菜园，这样既有经济收益也显环境效益。

风景区有别于城市公园，不能公园化，更不能城市化。风景区一般是以具有美学价值的自然景观为基础，融自然和人文为一体的地域综合体。绿化要师法自然融于自然。尤其是风景区道路的植物配置，切忌等距离规则种植，道路绿化的最佳效果是先有树后有路，道路穿林而过，不留绿化的人工痕迹。规则配置的行道树不仅失去自然美，也不符合植物群落的生长规律，还造成对风景区的空间分割。风景区的大乔木配置尤其要慎重，因为其高大形象与景观息息相关，其位置、形态、色彩都要顾及周边的山水环境和与建筑的组合。大群落的植物配置要避免阻隔景观视野。总之，风景区绿化要顾及的因素较多，其

难度高于公园，高于城市。

误区之八：
不重视植物景观规划，在风景区规划中被轻轻带过

植物是构成生态环境的主体，在风景区中所占面积比例最大，最能体现季相色彩和历史岁月，最能反映地域特色和乡土风貌。故此，植物景观地位在风景区景观中，显然优于建筑景观。风景园林的英文landscape architecture，原意是大地景观，architecture原意是宽泛的营建或营造，而不是狭义的建筑，因而landscape architecture是大地景观营造，大地景观中植物景观显然处于主导地位。

为此，首先要保护和抚育好自然植被，保护好古树名木，重视病虫害防治。

随着城市化进程的加快，回归大自然、回归山林既是生理需求也是心理需求。实践证明，大型植物景观是风景区最受游人喜爱的景观卖点，如杭州太子湾赏樱花、郁金香，超山观梅，灵峰探梅，曲院风荷赏荷，满陇桂雨，莫干山竹海，百丈漈红枫古道……不一一而足，因而规划设计别将植物景观规划轻轻带过，有的风景区甚至要摆在景观的最重要位置，要画上浓重的一笔。

误区之九：
牌楼、牌坊泛滥

牌楼、牌坊固然可以作为入口的标志，但不是标志的唯一，村头树、石拱门、廊桥也可以是村庄的标志，现代入口标志手法就更多了，一块木牌等都能成为标志。牌楼、牌坊成灾的结果将造成千村一面，村庄特色将严重受损。大型风景区有数十上百村庄，如果每个村庄每个景点都树一个牌楼、牌坊，那将会是什么形象？将一个大型自然风景区的空间被划得支离破碎，其后果不堪设想。

误区之十：
城市规划、城市设计、建筑设计、外墙装修设计、室内设计、环境设计、标识小品设计被过度割裂

空间营造应是一个有机整体，统一中求变化，变化中求统一。建议设计单位配置各专业人员，或者与有关专业单位紧密协作，总建筑师总体把关，使建筑、建筑群体、室外室内、空间环境包括雕塑、绿化要统成一个整体，这样才能出完美的设计作品。

文境掠影

西湖俯瞰　(朱坚平 摄)

杭　州　西　湖

　　杭州西湖驰名中外，被誉为"人间天堂"，1982年被国务院批准为国家级风景名胜区；2011年6月，在巴黎举行的第35届世界遗产大会上，杭州西湖被联合国教科文组织批准以　"杭州西湖文化景观"之名正式列入《世界遗产名录》。世界遗产委员会认为，"杭州西湖文化景观"是文化景观的一个杰出典范，它极为清晰地展现了中国景观的美学思想，对中国乃至世界的园林设计影响深远。

　　西湖风景名胜区面积60平方公里，三面云山，中涵碧水。西湖湖面6.5平方公里，苏堤和白堤将湖面分成里湖、外湖、岳湖、西里湖和小南湖五个部分，杨公堤以西几年前又恢复了湖西湖面。南山、北山像众星捧月一样，捧出西湖这颗明珠。经过多年整治，西湖重现了"一湖映双塔"、"湖中镶三岛"、"三堤凌碧波"的昔日完美景观。西湖山水风光秀丽，苏东坡有诗曰："欲把西湖比西子，淡妆浓抹总相宜"。西湖不但独擅山水秀丽之美、林壑幽深之胜，而且经历近两千年的发展，还有丰富的人文古迹、动人优美的神话传说，形成了著名的"西湖十景"：苏堤春晓、曲院风荷、平湖秋月、断桥残雪、柳浪闻莺、花港观鱼、雷峰夕照、双峰插云、南屏晚钟、三潭印月。1985年组织开展评出了第二批"十景"——"西湖新十景"：云栖竹径、满陇桂雨、虎跑梦泉、龙井问茶、九溪烟树、吴山天风、阮墩环碧、黄龙吐翠、玉皇飞云、宝石流霞；2007年又评出第三批"十景"——"新西湖十景"：灵隐禅踪、六合听涛、岳墓栖霞、湖滨晴雨、钱祠表忠、万松书缘、杨堤景行、三台云水、梅坞春早、北街寻梦。近半个多世纪的西湖风景建设，进一步将风景园林文化的传统与现代、东方风韵与西方技法有机融合，把植物景观的营造摆在了风景规划建设的首位，更加注意景观建筑与环境的协调。"景中村"已基本完成整治改造，建设了西湖博物馆和景观标识系统、解说牌体系，使得风景区的科普教育功能得以有效的发挥，并率先实现了与现代国家公园的接轨。

平湖秋月

清华建筑学人文库 胡理琛文集

太子湾 （施冀东 摄）

花港 （朱坚平 摄）

雷峰塔远眺

曲院风荷 （朱坚平 摄）

1872年3月1日，美国国会正式通过法案，建立了世界上第一个国家公园——黄石国家公园（Yellowstone National Park）。自那以来的百余年历史，许多国家相继形成了国家公园体系。我国自1982年国务院批准首批国家级风景名胜区以来，迄今也已形成了拥有208处国家级风景名胜区的国家风景名胜区体系。我国国家级风景名胜区英文译名同为National Park，因而国家级风景名胜区即国家公园。我国风景名胜区事业的发展历史，才经历了短短30年时间，要实现我国国家级风景名胜区与现代国家公园的先进管理理念接轨，尚有一段历程要走。

清华建筑学人文库
胡理琛文集

加拿大尼亚加拉大瀑布

加拿大路易斯湖解说牌

加拿大路易斯湖

加拿大哥伦比亚冰原

加拿大班夫上山口

加拿大莫林湖动植物解说牌

加拿大莫林湖解说牌

肯尼亚马撒马拉野生动物园

肯尼亚纳库鲁湖

南非桌山解说模型

南非桌山国家公园

南非桌山解说牌

日本阿苏火山口

津巴布韦维多利亚大瀑布

美国石安国家公园入口

美国黄石国家公园入口

美国亚利桑那纪念公园入口

外 国 景 区 度 假 屋

　　风景区的旅游接待设施建设，要以不破坏风景为前提，因此要宜小不宜大，宜低不宜高，宜隐不宜露；应体现乡土建筑文化特色；尽可能利用"景中村"的民居开设家庭旅舍。外国景区家庭旅舍等类的度假屋可资借鉴。

德国加米什市小旅舍

奥地利湖区小镇

奥地利湖区小旅舍

英国格莱特纳绿地村

英国湖区B&B

英国百拜里村

加拿大班夫度假村

克罗地亚水碓村

加拿大莫林湖度假屋

西班牙佛里希里亚村

游 人 中 心

　　游人中心（Visitor Centre）是所有历史文化遗产地和国家公园必备的科教功能建筑。其基本功能是为游人提供游览信息和科学、历史文化知识等方面的咨询和信息服务。其位置一般设在游路的起始点。有的国家称为Information或Museum。

清华建筑学人文库
胡理琛文集

加拿大班夫国家公园小游人中心1

加拿大班夫国家公园小游人中心2

加拿大班夫国家公园游人中心室内

加拿大班夫国家公园游人中心

南非桌山国家公园巨石景区游人中心

西班牙佛里希里亚村游人中心

奥地利湖区小游人中心1

奥地利湖区小游人中心2

日本仓敷美观历史遗址故事馆

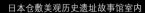

日本仓敷美观历史遗址故事馆室内

英国湖区国家公园游人中心

英国康威城堡游人中心

英国洛蒙德湖国家公园游人中心及室内

英国约克国家公园乡村游人中心

英国奥本游人中心室内

**法
云
弄
村**

法云弄村(安缦法云酒店)是杭州西湖灵隐寺西侧一处以干打垒建筑为主的山村，总建筑面积1500余平方米，占地14公顷。原先是非常破败的山村，杭州市政府2006年始动迁了居民，对村貌进行了整治，而后出租给一家置业公司，由新加坡安缦（Aman）集团负责建设经营管理。该建筑外部完全保持原来山村的乡土风貌，室内进行了体现杭州乡土特色的现代化改造，将一处破败的山村改造成为高档酒店。2009年开业以来，虽房价居杭州最高之列，但仍深受游客的喜爱。此案例充分展示了乡土文化的价值和魅力。类似法云弄村的废弃山村在我国风景区内不计其数，法云弄村整治改造利用的成功经验不无借鉴价值。

(无人机航拍)

（施峥　摄）

（施峥 摄）

（郑捷 摄）

（施峥 摄）

（施峥 摄）

历 史 文 化 遗 产 地

　　历史文化遗产地最重要的部分，是被联合国教科文组织审定的"世界历史文化遗产"，以及我国的历史文化名城、街区、名镇、名村。对于历史文化遗产地，首先要保护好这一不可再生的历史文化资源，同时也要保护与更新相结合，使得"保护和修复工作应与振兴齐头并进"（引自1976年《内罗毕建议》）。

捷克克鲁姆洛夫（世遗）

奥地利萨尔茨卡默古特（世遗）

克罗地亚杜布罗夫尼克（世遗）

俄罗斯莫斯科克里姆林宫（世遗）

我罗斯圣彼得堡滴血大教堂（世遗）

聿克布拉格查理大桥（世遗）

土耳其伊斯坦布尔圣索菲亚大教堂（世遗）

英国爱丁堡（世遗）

日本仓敷美观历史遗址

日本日光东照宫（世遗）

日本宫岛浮岛鸟居（世遗）

日本熊本古城

复建的日本广岛城

清华建筑学人文库　胡理琛文集

西班牙塞哥维亚童话城堡（世遗）

西班牙格林纳达赫纳利费花园（世遗）

西班牙塞维利亚西班牙广场（世遗）

西班牙格林纳达阿尔罕布拉宫（世遗）

西班牙科尔多瓦百花巷（世遗）

西班牙卡塞雷斯新广场（世遗）

西班牙巴塞罗那圣家教堂（世遗）

西班牙巴塞罗那米拉公寓（世遗）

西班牙托莱多古城（世遗）

西班牙托莱多古城登山电梯

康 园 小 区

　　康园小区系温州市的一项安居工程，建筑面积15万平方米，2003年落成。这是本人将温州楠溪江传统民居文化元素融入现代居住小区的一次设计尝试。该小区2005年获中国土木工程詹天佑大奖。

致谢

　　这本文集得以出版，首先，要感谢贤妻邵兰芳默默地支持本人的工作，数十年来因为我时常出差在外，她常常忍受脑瘤病痛的折磨与孤独；其次，要感谢先后共事过的同事，他们是我的良师和益友，是他们对事业的执著，在精神上支持着我一路快乐走来；本文集的出版，尤其要感谢同事徐一骐先生出色的文字校订工作。是你们的支持与鼓励，使本文集的出版成为可能！是你们的关爱，使得编辑出版过程成为一件值得回味的友情故事！再次向你们表示衷心的感谢！

编后语

　　《胡理琛文集》辑选了胡理琛先生32篇文章，内容涉及建筑学专业有关的建筑设计、城乡规划、历史文化遗产地保护、风景园林等学术领域。由于职业和专业的直接服务性质，使他在数十年间，直面浙江省——这一我国沿海发达地区事业发展不同阶段所处的境况和问题，做出理性的分析和判断，提出哪些需要坚持或改变的观点，引导正确的走向。他从方法论到话语的陈述，从切身体会到讨论实践，一路走来，孜孜以求所形成的专业性反思，表达了一种人性化的和积极正面的关怀取向。在目前中国城乡建设工作面临新的发展形势和机遇这样一个时刻，我们编辑、出版这本文集，试图展示一位坚持独立人格的工作者、资深专家如何叙事、反省、言志、论道，以及如何理解和履行社会服务的使命。

　　作为清华学子，胡理琛先生遵循了"自强不息，厚德载物"的校训，实践了"行胜于言"的格言。为官不"为官"，只为事业；既当领导又做学问，做好学问为了更好地完成使命。读他的文章，科学发展是贯穿于始终的一条主线。这是他一生执著的经历。由于展现了专业工作的社会价值观，以及案例交流中的一些故事、人生处境及其蕴涵，使作者的这本文集凸显了这样一个基调——尊重科学、领悟使命、坚持正义、献身服务。这样的人生态度和治学精神是值得专业人员借鉴的。

图书在版编目（CIP）数据

胡理琛文集 ／ 胡理琛著.——北京: 中国建筑工业出版社，2012.4
（清华建筑学人文库）
ISBN 978-7-112-14144-9

Ⅰ. ① 胡… Ⅱ. ① 胡… Ⅲ. ① 胡理琛—文集 Ⅳ. ①TU-53

中国版本图书馆CIP数据核字(2012)第048089号

责任编辑：徐晓飞
责任校对：陈晶晶

清华建筑学人文库

胡 理 琛 文 集

胡理琛　著

*

中国建筑工业出版社出版、发行（北京西郊百万庄）
各地新华书店、建筑书店经销
北京雅昌彩色印刷有限公司

*

开本：889×1194毫米　1/20　印张：12　字数：240千字
2012年4月第一版　2013年4月第三次印刷
定价：**56.00元**
ISBN 978-7-112-14144-9
（22198）